人工快速渗滤系统

短程硝化性能和机理研究

李晓强 王 璟 简 悦 范兴建 许文来／著

四川大学出版社

项目策划：许　奕
责任编辑：唐　飞
责任校对：王　锋
封面设计：墨创文化
责任印制：王　炜

图书在版编目（CIP）数据

人工快速渗滤系统短程硝化性能和机理研究 / 李晓强等著. — 成都：四川大学出版社，2019.4
ISBN 978-7-5690-2860-7

Ⅰ. ①人… Ⅱ. ①李… Ⅲ. ①含氨废水－水污染防治－研究－中国 Ⅳ. ①X52

中国版本图书馆 CIP 数据核字（2019）第 073248 号

书　名	人工快速渗滤系统短程硝化性能和机理研究
	RENGONG KUAISU SHENLU XITONG DUANCHENG XIAOHUA XINGNENG HE JILI YANJIU
著　者	李晓强　王璟　简悦　范兴建　许文来
出　版	四川大学出版社
地　址	成都市一环路南一段24号（610065）
发　行	四川大学出版社
书　号	ISBN 978-7-5690-2860-7
印前制作	四川胜翔数码印务设计有限公司
印　刷	郫县犀浦印刷厂
成品尺寸	148mm×210mm
印　张	2.75
字　数	71千字
版　次	2019年6月第1版
印　次	2019年6月第1次印刷
定　价	15.00元

扫码加入读者圈

版权所有 ◆ 侵权必究

◆ 读者邮购本书，请与本社发行科联系。
　电话：(028)85408408/(028)85401670/
　(028)86408023　邮政编码：610065
◆ 本社图书如有印装质量问题，请寄回出版社调换。
◆ 网址：http://press.scu.edu.cn

四川大学出版社
微信公众号

前 言

人工快速渗滤系统（Constructed Rapid Infiltration System，简称 CRI 系统）虽然具有操作简单、管理方便、运行费用低等优点，但是总氮去除率低。短程硝化反硝化技术不仅总氮去除率高，而且具有节约曝气量、节省有机碳源等优点。两者无论是在经济方面还是技术方面都具有一定的可行性。本实验将两种处理方式结合起来，互取所长。实现短程硝化反硝化技术的关键在于实现系统的短程硝化。若实现了短程硝化，短程硝化反硝化就实现了 80%。因此，本实验重点研究系统的短程硝化。在 CRI 系统中，以控制溶解氧和控制抑制剂浓度为主要调控因子，并在此基础上辅以其他参数的调控；同时将反应控制并稳定维持在亚硝酸盐阶段，并阻止其向硝酸盐阶段进行转化，以实现系统的短程硝化。

通过探究不同溶解氧（DO）浓度，以及不同氯酸钠浓度下系统对亚硝酸盐积累率的影响，系统地研究实时控氧条件下 CRI 系统中短程硝化的实现、维持以及稳定。整个实验过程中有如下发现：

（1）在探究以溶解氧为主要调控参数实现系统中亚硝酸盐积累的实验中得出：在常温，pH 值为 8.0 左右，系统初期进水氨氮浓度为 110~120 mg/L，化学需氧量（COD）为 310~560 mg/L 时，调整系统进气量，亚硝酸盐没有明显积累；后续实验将废水浓度降低 2/3，氨氮浓度为 36~42 mg/L，COD 为 100~165 mg/L 时，调整系统进气量，出水亚硝酸盐明显积累，最高浓度达到 83 mg/L 左右，亚硝酸盐积累率接近 50%。实验同时表明，用含高浓度氨氮废水启动系统，后期会降低系统进水氨氮浓度，通过控氧及后续调整，有望在 CRI 系统中实现短程硝化。

（2）在探究以氯酸钠为主要调控参数实现系统中亚硝酸盐积累的实验中得出：一定氯酸钠浓度范围（$n<1.5$ mmol/L）有利于系统中亚硝化反应，浓度越大，效果越好。但当氯酸钠浓度超过一定限度（$n>1.5$ mmol/L）时，就会抑制系统中硝化反应，并且对系统中氨氧化菌群（AOB）和亚硝酸盐氧化菌群（NOB）的抑制作用更加强烈。实验同时得出，系统在 $n=1.0$ mmol/L，pH 值为 8.0~8.5，四季室温，不控氧浓度状态下，亚硝酸盐积累率能达到 50%，并且短时间稳定。

（3）在探究以溶解氧和氯酸钠为主要调控参数实现系统中亚硝酸盐积累的实验中得出：在四季常温，pH 值为 8.0~8.5，系统溶解氧为 10.8%，氯酸钠浓度为 1.0 mmol/L 时，CRI 系统达到短程硝化且稳定时间超过 30 d，氨氮转化率和亚硝酸盐积累率均在 80% 以上，其中最高亚硝酸盐积累率为 92%。

由于著者水平有限，书中错漏之处在所难免，望广大读者指正。

著 者

2019 年 3 月

目 录

第 1 章 概 论 ………………………………………（ 1 ）
  1.1 概述 ………………………………………（ 1 ）
  1.2 研究现况 …………………………………（ 3 ）
  1.3 创新性 ……………………………………（ 17 ）
  1.4 主要内容及技术路线 ……………………（ 18 ）

第 2 章 材料与方法 ………………………………（ 22 ）
  2.1 装置的构建及系统挂膜 …………………（ 23 ）
  2.2 实验用水 …………………………………（ 25 ）
  2.3 分析项目及监测方法 ……………………（ 26 ）

第 3 章 控氧 CRI 系统中亚硝氮积累及其氮素转化的研究
  ………………………………………………（ 27 ）
  3.1 实验材料与方法 …………………………（ 28 ）
  3.2 结果与分析 ………………………………（ 31 ）
  3.3 结论及建议 ………………………………（ 37 ）
  3.4 本章小结 …………………………………（ 39 ）

第 4 章 氯酸钠对非控氧 CRI 系统中亚硝氮积累及其氮素
  转化的研究 ………………………………（ 41 ）
  4.1 实验材料与方法 …………………………（ 41 ）
  4.2 结果与分析 ………………………………（ 42 ）
  4.3 本章小结 …………………………………（ 52 ）

第5章 溶解氧和氯酸钠对系统中亚硝氮积累及其氮素转化的研究 ……………………………………（53）
  5.1 实验材料与方法 ………………………………（53）
  5.2 结果与分析 ……………………………………（56）
  5.3 本章小结 ………………………………………（64）
第6章 结论及建议 …………………………………………（66）
  6.1 结论 ……………………………………………（66）
  6.2 建议 ……………………………………………（68）
参考文献 ………………………………………………………（70）

第1章 概 论

1.1 概述

人工快速渗滤系统（Constructed Rapid Infiltration System，简称 CRI 系统）是在污水快速渗滤土地处理系统基础之上发展起来的一种土地处理系统类型。它是指有控制地将污水投配在人工构筑渗滤系统渗滤介质的表面，使其在向下渗流的过程中，通过物理、化学以及生物的共同作用，最终达到净化污水的目的（刘小娜，2010）。

作为污水处理系统来讲，CRI 系统抗冲击负荷强，能承受水质水量变化差异较大的情况，并且在长时期断水后仍可以保持生物活性，迅速恢复水处理功能，总体无须生物再驯化培养；对河流流量陡增或突降，以及水质突变的情况都能较好地适应。相比其他技术，CRI 技术是强化的土地处理技术（赖梅东，2013）。在除污方面，CRI 技术净化效果好、除氮磷能力强，一般 COD_{cr} 去除率为 $85\% \sim 90\%$，氨氮去除率至少 90%，SS 和 LAS 的去除率在 95% 以上，对于我国小城镇生活污水和受污染地表水的净化具有重要应用价值及显著优势（X. Jiang 等，2011；康爱彬等，2014）。从工艺维护的角度来讲，CRI 系统具有工艺过程简单、投资低、系统配置可塑性强、工程基建和运行费用低、运转维护管理方便、能耗低、生态环境效益显著、可实现废水资源化等优点（张泉，2007）。

虽然 CRI 技术对 COD_{cr}、氨氮、SS 和 LAS 等污染物的去除率效果好，但也存在 TN 去除率低的问题。因为 CRI 系统氨氮去除率较高，致使 CRI 系统出水中硝氮（NO_3^-）浓度增高，总氮（TN）去除率较低，仅为 10%~30%（W. L. Xu 等，2013）。如此低的脱氮效率限制了 CRI 技术的发展。针对 CRI 系统 TN 去除率低的问题，通过改进系统组合方式、补充碳源、分段进水以及增设饱水带等方式来提高系统脱氮效率，但在脱氮效率提高的同时也增加了系统的复杂性、工艺控制难度和费用，并且脱氮效果还不一定理想。因此，迫切需要开发低投资、高效且方便管理的污水处理技术（Lutterbeck 等，2017）。本研究旨在提高 CRI 技术的脱氮效率，以期 CRI 技术能在生态环境修复方面具有更大的发展空间。

短程硝化反硝化脱氮过程简化了脱氮步骤，具有反硝化速率快，能节省能源、碳源和反应器容积等优势，并受到广泛关注。因此，本书结合 CRI 系统与短程硝化反硝化技术的优点，拟以模拟污水为处理对象，同时根据实验所需进行调配，构建 CRI 系统小试装置对污水进行脱氮实验，研究 CRI 系统中短程硝化反硝化技术的脱氮效能及机制，探索 CRI 系统中短程硝化反硝化技术的关键影响因素及最佳脱氮条件，以提高 CRI 系统除氮效率，并为理解 CRI 系统的脱氮机制和拓展其在污水处理领域的应用提供理论和数据支持。

1.2 研究现况

1.2.1 CRI 技术现况

在快渗池中填充一定厚度的渗滤介质，频繁淹水频繁落干，采用干湿交替的运转方式进行污水处理，其水力负荷周期较短（谢宇轩等，2013）。依靠生物机制及非生物机制的协同效果，实现净化污水的目的（Karanasios 等，2016）。整个水处理体系包括格栅池、沉砂池、进水池、快渗池、出水蓄积池以及其他构筑物。其具体现场流程如图1-1所示，图片拍摄于成都市凤凰二沟人工快渗湿地。

(a) 格栅池

(b) 沉砂池

(c) 进水池

(d) 快渗池

(e) 出水蓄积池

图 1-1　CRI 水处理系统现场流程图

第1章 概 论

关于污水净化，CRI装置主要通过装置内渗滤介质及其表面微生物对于水体中污染物的吸附、截留、分解以及其他物理、生物等方式实现对系统进水的净化。在污水处理过程中，其独特的干湿交替的进水方式，加之渗滤介质好氧、兼氧、厌氧的效果，使系统内微生物菌相多样化，并很大程度上增强了系统的除污性能（W. Xu等，2011；刘家宝，2006）。CRI系统是由中国农业大学白瑛教授在"七五"期间进行过的实验性研究。之后中国地质大学的钟佐燊教授等进行了较深入全面的研究。2001年，中国地质大学、北京大学深圳研究生院和深港产学研环境技术中心在深圳建立了我国第一个人工快速渗滤处理系统示范工程——深圳茅河人工快速渗滤处理工程（吴济华等，2012）。从此，CRI技术在实验室得到了广泛研究，并在很多领域得到了广泛运用。

在一些欧美国家，约在一百年前就进行过天然土层对于污水处理效果的尝试，并且在之后被广泛应用。Calumet快渗系统于1887年在美国建设成功，并且运行良好。George Lake快速渗滤系统于1939年建设成功，并且运行至今，其可行性和耐用性显而易见（石国玉，2011）。近年来，美国、法国、芬兰、丹麦以及瑞士等国家对污水土地处理系统方面进行了较为详细的研究，具有丰富的理论资料，并在实践方面也相继建成了一些实体工程，运行效果良好。同时，美国国家环境保护局对快渗装置的设计、运行参数以及处理情况等方面都进行了全面的阐述。美国的污水土地处理场由1981年的320个发展到1987年的1000多个，各种不同类型的污水土地处理系统达3400多个，占全部污水处理系统的10%~20%。此外，丹麦、以色列等国家都支持鼓励建设污水土地处理场（张泉，2007）。

虽然CRI技术优点显著并在国外发展良好，但国内针对

CRI系统除污机制的研究还处于起步阶段，与国外相关研究存在很大差距，还有很大的提升空间。基础理论研究以及工程效果分析等方面亟待加强，各方面技术还有待完善。例如，目前还未发现关于针对高氮素生活污水处理效果的代表性实例。前后有很多学者对CRI技术进行了研究。诸如康爱彬等（2009）采用三级串联人工快渗系统，对高COD、高C/N的污水进行除污性能研究。谢宇轩等（2010）将传统人工快渗系统与改良后的三级串联人工快渗装置用于处理高氨氮生活污水，并对装置处理情况进行对比分析，相较于传统快渗装置而言，有效地将TN去除率提高了20.7%。总的说来，CRI系统污水氮去除率并不高，从而限制了整个CRI系统的除污效果。但由于CRI技术具有基础建设用度低、相对节省运行经费、后期维护方便等优点，当前CRI系统在国家范围内已建好将近50个处理点位。据统计，我国总共45000多个乡镇，所覆盖人口过2亿，乡镇和农村生活污水处理范围还有很大提升空间，生活污水回收及其净化等基础建设在中小城镇明显缺乏，农村在生活污水净化方面更是十分不足。由于我国地区差异大，发展程度不同，根据各地实际情况来实施污水处理势在必行。CRI系统因其技术可行性、成本经济性以及其他潜在的优势，必然会获得理想的发展（王慧等，2013）。同时实践证明，CRI系统对处理城镇生活污水、污染了的地表水及其他水体具有明显性能优势，COD_{cr}去除率为85%～90%，氨氮去除率在90%以上，SS和LAS去除率在95%以上（X. Jiang等，2011；康爱彬等，2014）。但是CRI系统对总氮（TN）去除率通常只有10%～30%。CRI系统简图见图1-2。研究认为，CRI系统TN去除率低的原因主要有以下几点：

（1）在CRI系统中，氨氮主要在滤池上层转化为NO_3^-，滤池上层有充足的有机碳源和氧环境，以硝化反应为主（范兴建，2009），但是反硝化作用受到抑制。

（2）滤池下层虽然处于厌氧环境的时间较长，但滤池上层对有机物的去除率较高，使得下层缺氧段反硝化所需碳源不足，反硝化过程受到抑制，即碳源和厌氧环境两者之间存在错位现象。

（3）CRI 装置中介质渗透性良好，致使与水体共同迁移的 NO_3^- 在装置内经停时间短暂而得不到充分的反硝化，从而去除率低。

图 1-2 CRI 系统简图

由以上分析可知，CRI 系统下层缺氧段脱氮作用所需碳源不够以及 NO_3^- 停留时间短暂是导致 CRI 系统除氮效果不佳的主要原因，也是 CRI 系统关键的限制性因素。

目前，国内外针对 CRI 系统 TN 去除率低的解决方法主要是在保持系统较好硝化作用的基础上，提高系统反硝化除氮效率。其主要是在 CRI 系统中通过添加特殊填料、优化装置组合方式、增加碳源、调整湿干比以及改加饱水层等方式来提高系统反硝化除氮效率。添加特殊填料，通常选用疏松孔洞态以及比表面积较大的材料，以利于微生物的着生，从而提升装置净水能力。在对渗滤材料进行筛选鉴别之后，发现火山岩、活性炭、石英砂、沸石、生物陶粒、粉煤灰以及硅藻土等特殊填料对系统除污性能有所提升（王宝贞等，2003；袁东海等，2005）。另外，将硝化与反硝化菌群一起进行包埋固定，增强微生物效果，也取得了较好结果。康爱彬等（2010）对 CRI 装置组合方式进行改进，提出了多级串联 CRI 装置。研究反映出该装置反硝化菌群量远超过传统 CRI 装置，TN 去除率相比传统 CRI 装置有较大提升。填埋多层滤料为微生物提供了多样繁殖环境，有助于增加微生物菌群数量和类别，能较好地去除氨氮及总氮。CRI 系统因厌氧段缺少有机碳，限制了微生物的增殖，抑制了微生物活性，从而影响了脱氮作用。因此，增加碳源有助于提升脱氮效果。外加有机碳源主要包括甲醇、醋酸以及葡萄糖等液体碳源，以及棉花、报纸、稻草、麦秆、腐朽木、木屑及玉米芯等纤维素固体碳源（A. Daverey 等，2013）。考虑到碳源获得的经济性，相关研究采用了分段进水和添加纤维素固体物质的方式来补充碳源（Z. Hu 等，2013）。实验结果显示，脱氮效果均有一定程度的提升。但是，纤维素固体物质释碳过程不好控制，在运行后期系统可能因碳源不足而导致反硝化作用变弱，并可能发生有副产物产生等问题。R. M. Mark（2004）认为，当系统内碳氮比值为 2 时，装置除氮效果良好。根据反硝化脱氮理论，湿干比也是 CRI 系统运行的关键参数之一。落干时间短，有助于装置脱氮反应，倘若系统得不到充足复氧，则导致装置内硝化过程欠佳。若落干时间过长，又会因养分不足而一定程度地减少滤料表面好氧微生物的活性，而且因为装置里溶氧充分，故不利于装置脱氮反应。郭劲松等（2006）根据试验结果分析得出，在一定的条件下，湿干比与 TN 去除率呈负相关，湿干比越小，系统落干时间越长，既利于系统复氧，也利于氮的去除。此外，改加饱水段也能加强 CRI 装置内的厌氧作用。当 CRI 装置运行时，淹水期小于落干期，装置缺乏充分的厌氧条件，导致反硝化菌群繁殖量减少，并最终导致装置的脱氮作用变差。谢宇轩等（2010）和赵福祥等（2010）在 CRI 系统中增加了饱水层，系统的 TN 去除率有一定程度的提高。

综上可知，为提高 CRI 系统的 TN 去除率，现有研究主要从添加特殊填料（邵留等，2009；Li等，2013）、优化装置组合方式（刘光英等，2013）、增加碳源、调整湿干比以及改加饱水层等方式来加强硝化过程与脱氮作用。这些方式均取得一系列效果，但仍存在一些问题。例如添加特殊填料、增加碳源能改善反硝化菌的特性，但NO_3^-在反硝化段停留时间较短的问题仍未改变，不能保证NO_3^-有足够的时间进行反硝化；优化装置组合方式、增加碳源、改加饱水层等增加了系统的复杂性、工艺控制难度和费用，且有些工艺脱氮效果不够理想。因此，高效、低耗、简便的CRI除氮技术仍需做深入研究。

1.2.2 短程硝化反硝化现况及其影响因子

1.2.2.1 短程硝化反硝化现况

短程硝化反硝化是一种新型的脱氮工艺，早期由荷兰的代尔夫特理工大学开发。该技术是将系统硝化反应控制在亚硝酸盐（下称亚硝氮）阶段，使其不进行亚硝氮向硝酸盐氮（下称硝氮）的反应，而直接进行反硝化脱氮反应（郑平等，2004）。传统脱氮技术是$NH_4^+ \rightarrow NO_2^- \rightarrow NO_3^- \rightarrow NO_2^- \rightarrow N_2$，而短程硝化反硝化技术是$NH_4^+ \rightarrow NO_2^- \rightarrow N_2$。研究氮的微生物转化过程，氨氮转化成$NO_3^-$是由两类独立的菌群参与完成的两个独立反应阶段，并且中间两个反应过程是可以分开的。对于反硝化菌，NO_2^-和NO_3^-均可作为反应的最终受氢体，硝化过程中的$NO_2^- \rightarrow NO_3^-$与反硝化脱氮阶段的$NO_3^- \rightarrow NO_2^-$是一步多走的路程，将该反应段从工艺中去除也可以达到污水除氮效果。整个除氮过程经$NH_4^+ \rightarrow NO_2^- \rightarrow N_2$的步骤完成，将此过程脱氮的技术定义为短程硝化反硝化生物脱氮技术。因此，将反应控制在亚硝氮阶段是该技术的关键，前后也有很多学者相继研究（C. W. Rongsayamanont 等，2014；S. Wyffels 等，2004；S. Damaraju 等，2015；R. C. Jin 等，2013；J. Chen 等，2010；J. Chung 等，2007）。传统的生物脱氮由硝化和反硝化两个阶段组成，短程硝化反硝化技术就全程硝化反硝化而言，其中也不乏以下一些问题：

（1）工艺流程长，占地面积大，传统生物脱氮工艺认为亚硝氮的积累以及好氧硝化菌和兼性厌氧反硝化菌不能在同一装置体系里同时大量存在。

（2）硝化菌群繁殖速度慢，且不能保持较高生物菌群量，需要通过大量曝气来稳定装置内好氧微生物，故其耗费高。

（3）需进行污泥回流和硝化液回流，增加成本，耗资大。

（4）系统对环境变化适应能力欠佳，高浓度氨氮和亚硝氮会抑制硝化菌繁殖。

（5）硝化过程会产酸，还需添加碱来中和。

以上几点都是传统脱氮技术所存在的不可忽视的问题。而短程硝化反硝化技术因比传统生物脱氮过程少两步，具有以下优点：

（1）在硝化阶段可节省 25% 左右的耗氧量，降低了能耗。

$$NH_4^+ + 1.5O_2 \rightarrow NO_2^- + H_2O + 2H^+ \qquad (1-1)$$

$$NH_4^+ + 2O_2 \rightarrow NO_3^- + H_2O + 2H^+ \qquad (1-2)$$

（2）在反硝化阶段减少了约 40% 的有机碳源（以甲醇为例），降低了运行费用。

$$3CH_3OH + 6NO_2^- + 3CO_2 \rightarrow 3N_2 + 3H_2O + 6HCO_3^- \qquad (1-3)$$

$$5CH_3OH + 6NO_3^- + CO_2 \rightarrow 3N_2 + 7H_2O + 6HCO_3^- \qquad (1-4)$$

（3）NO_2^- 的反硝化速率通常比 NO_3^- 的反硝化速率高 63% 左右，因为其硝化菌的适应繁殖期较长，且反应省略了从亚硝氮到硝氮的氧化过程。

(4) 可节约碱度和外加碳源投加量,其中硝化反应产生的酸度与反硝化反应产生的碱度相互中和。

(5) 反应器容积可减少 30%~40%。

短程硝化反硝化技术就全程硝化反硝化而言,在除氮方面无论是从经济、能耗、除氮效率还是其他方面都具有传统技术不能比拟的优势,但是该工艺也因实现条件苛刻而让人望而却步。之前,许多研究者曾从各个方面尝试调控(陈建伟,2011;Guo,2010;A. Pollice 等,2002),试图从不同方向实现短程硝化反硝化工艺,并设法将其稳定以致达到实际运用,其中包括调节 DO 浓度、pH 值、污泥龄、温度、运行方式、抑制剂等,尝试使硝化作用止于亚硝氮状态,但实验成果都没能走出实验室实施于实际工程。例如,S. Wyffels 等(2004)采用生物膜反应器进行试验。结果表明,当 DO 浓度小于 0.5 mg/L 时能达到短程硝化,出水 NO_2-N 的比例在 90% 以上。张小玲(2003)在 CSTR 的 DO 浓度为 0.2~0.3 mg/L,SRT 小于 30 d 时实现了亚硝氮的积累,但运行 50 d 后厌氧菌扩增,硝化作用减弱。也有人研究得出,当 DO 浓度为 0.5 mg/L 时,亚硝酸菌的繁殖速度可增加一倍,弥补了因低 DO 浓度所引起的代谢活性下降,而 NOB 的繁殖速率在低 DO 浓度下(0.5 mg/L)反而无提升,致使亚硝氮得到大量积累。Garridojm 发现,当 DO 浓度为 1.5 mg/L 时,氨氮转化和亚硝氮浓度均达到峰值。Ruiz(2003)得出,将系统内 DO 浓度维持在 0.7 mg/L 时,亚氮累计率达 65%,氨氮转化率达 98%。J. Hou 等(2017)也研究通过控制 DO 浓度而达到亚硝氮积累的结论大多一致,至少在某种程度上表明,DO 因子是亚硝氮积累的一个关键因素,过高 DO 浓度和过低 DO 浓度都不利于实验的进行。短程硝化反硝化脱氮技术的关键是将硝化反应控制在亚硝氮阶段，然后直接进行反硝化脱氮，主要通过控制 pH 值、温度、游离氨（FA）浓度、DO 浓度、污泥龄以及抑制剂、有害物质等因素。祝贵兵等（2008）利用 AOB 和 NOB 的动力学特性的固有差异，通过对两类菌群产生不同影响来实现。

1.2.2.2 影响因子

1）温度

生物硝化反应温度段为 4～45℃（C. Hellinga，1998），适应温度为 20～35℃，通常在 15℃以下将影响氨的氧化，并且在低温情况下，系统中硝化产物及两类硝化菌性能均有不同程度的变化。12～14℃时对硝酸菌活性影响更大，亚硝氮出现积累。15～30℃时，系统内硝化反应转化成全程硝化。温度超过 30℃后，又会出现积累。因此，调节系统的运行温度也会实现对 NO_2^- 的积累控制，这是由于硝化污泥中氨氧化所需活化能为 68 kJ/mol，亚硝氮氧化所需活化能为 44 kJ/mol，因此 AOB 对温度冲击的敏感性高于 NOB。如果把反应温度由室温提升到 30～40℃，AOB 的生长增幅将明显强于 NOB。实验通过对 SRT 进行控制并将 NOB 淘选出去，从而实现 AOB 的富集和短程硝化。研究表明，上述工艺的 NO_2^- 积累率高达 90%以上。尚会来等（2009）以间歇式活性污泥法（SBR）处理生活污水。研究表明，较高温度条件下（28℃±1℃），通过实时控制和控制污泥龄在 10 d 左右，可以成功实现短程硝化反硝化。也有人将反应器内水温调节在 30～32℃，成功实现了短程硝化反硝化生物脱氮。考虑到实际运用过程中的使用，本实验不将温度作为一个可参考因子，通过调节其他实验参数来尽量避免由温度带给实验的影响。本实验不对温度作考量，将其定位在四季常温状态。

2) pH 值

伴随着硝化反应的进行，硝化过程产酸将降低系统中的 pH 值。亚硝酸菌需要的最适 pH 值为 7.0~8.5，硝酸菌为 6.0~7.5。若反应器中 pH 值低于 7.0，整个硝化反应将会受到抑制。当 pH 值升高至 8.0 以上时，硝化产物中亚硝氮占比提升，出现亚硝氮积累。通常认为，AOB 最适生长的 pH 值为 7.0~8.5，NOB 最适生长的 pH 值为 6.0~7.5。当 pH 值小于 7 时，整个硝化过程受到抑制；当 pH 值大于 8.0 时，NO_2^- 出现积累。有研究 pH 值对 AOB 活性的影响，得出在 pH 值约为 8.0 时，AOB 生长速率达到最大值，当 pH 较低时，AOB 生长速率急剧下降。硝化反应的适宜 pH 值应维持在 7.5~9.0，pH 值为 8.0~8.5 时硝化活性最大，pH 值小于 6.5 或大于 9.8 时硝化速率将下降 50%，pH 值小于 5.5 时硝化反应完全停止。多数资料研究 pH 值对实验的影响结果均为一致，故本实验在前人的基础上，将 pH 值设置在 8.0~8.5。

3) FA 浓度

污水中氨以分子态或离子态形式存在取决于水体 pH 值。分子态 FA 抑制硝化作用，硝酸菌群比亚硝酸菌群更易受到 FA 的抑制，0.6 mg/L 的 FA 几乎就能完全抑制硝酸菌的活性，阻隔了亚硝氮的氧化，从而使亚硝氮出现积累。当系统 FA 浓度超过 5 mg/L 时才会对亚硝酸菌群活性产生影响，当达到 40 mg/L 时才会严重抑制亚硝氮的形成（徐冬梅，1999）。pH 值升高，FA 浓度增大，造成亚硝氮积累。当氨氮浓度太大时，就会促进亚硝酸菌的繁殖，从而在装置运行初期就会有大量氨转化，故亚硝氮也会因其产量过大造成积累。进水负荷过大所造成的积累也与水中 FA 浓度增加有关，冲击负荷也会造成积累。

另外，控制 FA 浓度也可实现 NO_2^- 积累，这是由于 AOB 对 FA 的耐受性强于 NOB，其耐受浓度可达 10～150 mg/L，最高可达 70～300 mg/L，但当 FA 浓度为 0.1～1.0 mg/L 时，NOB 的活性就会受到抑制，当 FA 浓度达到 6 mg/L 时几乎可以完全抑制 NOB 的生长（V. M. Vadivelu，2007）。当 FA 浓度达到 0.011 mg/L 时，可对 NOB 代谢过程产生较明显的抑制；当 FA 浓度达到 0.023 mg/L 时，几乎完全抑制 NOB 的活性；当 FA 浓度达到 0.500 mg/L 时，AOB 仍具有较高的生物活性（V. M. Vadivelu，2006），且 FA 的抑制浓度因菌种而异。韩晓宇等（2009）也根据 FA 浓度在常温下启动了短程硝化反硝化。D. Scaglione 等（2013）在中试规模的 SBR 装置中采用短程硝化对农业有机废水进行脱氮处理，通过增加氨及 NO_2^- 的浓度来评价自由氨和自由亚硝氮对 AOB 的抑制作用，结果表明自由氨是抑制 AOB 的主要因素。也有人在生物曝气滤池中使用改性沸石和硝化污泥进行了短程硝化的研究，结果也表明自由氨是影响短程硝化的主要因素。许多研究者发现，NOB 对 FA 的抑制具有适应能力。经过一定时间驯化，NOB 对 FA 的耐受性增强，NO_2^- 积累率降低。若进一步提升 FA 浓度，则可保持对 NOB 的抑制，但需防止对 AOB 抑制。另外，FA 浓度与反应体系的 pH 值、氨氮浓度和温度有关。其中，pH 值变化对 FA 的影响最为显著。因此，通常将 FA 浓度控制在 5～20 mg/L。

4）DO 浓度

亚硝酸菌和硝酸菌是绝对好氧菌，当生物膜的厚度和系统介质尺度较大时，就会形成氧扩散梯度。DO 是硝化与反硝化过程中的重要因素，也是最常见的控制因素之一（丁文川等，2012）。由于 AOB 和 NOB 对 DO 的半饱和常数分别为

0.3 mg/L 和 1.1 mg/L，AOB 对 DO 的半饱和常数远大于 NOB，因此低 DO 浓度下 NOB 的活性大幅下降。使 NO_2^- 产生积累的临界 DO 浓度为 1.7 mg/L。当 DO 浓度小于 1.0 mg/L 时，NO_2^- 易积累；当 DO 浓度回升时，NOB 活性易恢复。减少 DO 不会明显弱化氨氧化，但会影响亚硝氮氧化，从而使亚硝氮得到积累。彭党聪在生物膜反应器中也发现低 DO 浓度抑制了硝化现象。当 DO 浓度为 0.5~1 mg/L，进水浓度为 250 mg/L 时，出水氨浓度低于 5 mg/L 且硝化产物以亚硝氮为主，亚硝化率高达 90% 以上，连续运行 120 d，无明显变化，表明低 DO 浓度下生物膜系统获得了良好的短程硝化效果。

除了直接控制 DO 浓度外，生物膜和颗粒污泥内存在传质阻力，可间接限制氧浓度，同样可以实现 NO_2^- 积累。即使溶液主体处于较高的 DO 浓度时，生物膜内的氧浓度仍较低，实现了对 NOB 活性的限制。通常情况下，亚硝酸菌氧饱和常数为 0.2~0.4 mg/L，硝酸菌为 1.2~1.5 mg/L。低 DO 浓度条件下，两种微生物菌群繁殖速率都会变慢。当 DO 浓度为 0.5 mg/L 时，亚硝酸菌增殖速率约为正常情况下的 60%，而硝酸菌连正常速率的 30% 都不到。利用这两类菌动力学特异性差异有望在生物膜上逐渐达到淘汰硝酸菌的目的。但是在低氧浓度下，若氧浓度控制不到位，系统会很容易滋生大量厌氧菌，从而破坏系统。低氧下，既存在对硝酸菌的淘汰，也存在对硝酸菌活性的抑制作用。以上研究大多基于系统均匀复氧的状态，而 CRI 系统因其独特构造导致系统在复氧情况上与其他工艺有某些程度的不同，故本实验中需以先前资料为基础另作研究。

5）污泥龄

污亚硝酸菌的世代周期较硝酸菌短，在悬浮处理系统中，若泥龄介于硝酸菌和亚硝酸菌的最小停留时间之间，系统中的硝酸菌会逐渐被淘洗掉，使亚硝酸菌成为系统中的优势硝化菌。Van Kempen（2001）等根据 Sharon 工艺生产性应用的经验，推荐将污泥龄控制在 1.0~2.5 d。添加某些抑制物质也可选择性压制 NOB 活性。因为 CRI 系统中不存在污泥淘洗的问题，故不将污泥龄纳入本实验作为调控参数。

6）抑制剂、有害物质

常用的抑制剂有氯酸盐、氰酸盐、叠氮化物和联氨等。硝化菌对环境较为敏感。废水中酚、氰及重金属离子等有害物质对硝化过程有明显抑制作用。相对于亚硝酸菌，硝酸菌对环境适应性慢，因而在接触有害物质的初期会受抑制（G. Xu 等，2011），出现亚硝氮积累。

综上可知，亚硝氮积累的影响因子很多，但当下对此研究及理论解释也不够充分，认识还有待提升。各种因素之间相互关联，如温度、pH 值、DO 浓度、氨浓度等的变化都会引起 AOB 和 NOB 增长速度的变化。因此，如何根据不同废水的水质以及不同工艺的特点，综合控制各种影响因素，使 NO_2^- 长久稳定地积累，需进一步地研究探索。不同于活性污泥法，CRI 系统的短程硝化作用不能依靠调整不同生长速率 AOB 和 NOB 的污泥龄实现 NO_2^- 的积累，但能否在 CRI 系统中通过调整氨浓度、温度、DO 浓度和 pH 值等方法达到抑制效果，从而使硝化反应集中在 NO_2^- 阶段是本书研究的中心所在。

1.2.3 CRI 技术和短程硝化反硝化技术的结合

传统生物除氮技术和短程硝化反硝化除氮技术相比，短程硝化反硝化在除氮方面具有主要优势，是污水生物脱除研究领域的热点。CRI 系统因脱氮性能较差而限制了其推广，而短程硝化反硝化具有节能以及高效脱氮能效等诸多优点,若将其合理应用于 CRI 系统,能解决 CRI 系统脱氮所需碳源不足,以及 NO_3^- 停留时间较短导致脱氮性能较差等问题,简化 CRI 系统脱氮过程、提高脱氮效率并降低投资,二者协同处理的优势将不可比拟。而现有短程硝化反硝化技术研究主要集中于悬浮式活性污泥系统中,如 SBR、紊动床等。尽管短程硝化与反硝化技术在 SBR、紊动床等悬浮式活性污泥工艺领域取得了丰富的研究成果,但有关 CRI 系统处理污水过程中的 NO_2^- 积累现象及其影响因子作用规律的研究微乎其微。由于 CRI 系统具有独特的结构和运行方式,探索其达到短程硝化反硝化关键影响因子及机理具有理论和实际价值。

若能将短程硝化反硝化与 CRI 技术相结合,该工艺将具有节能、省地、节省经费、高效除氮等优点,并且能进一步优化具有诸多除污优点的 CRI 系统,拓展其实用领域。整体设想可行性较高,并且系统结构不烦琐,有较好的预期效果;同时,借助于反硝化作用调控 pH 值为 7~8,无须加碱中和。此外,在节省资源的同时,运输工具、储存容器和投加设备也可相应减少,经济性甚好,既能节约基建投资,也能降低运行费用。该工艺因除氮过程简化了除氮步骤,加之具有除氮反应速率快、节省能源及碳源等优点而受到广泛关注。

1.3 创新性

本书拟结合 CRI 装置和短程硝化反硝化两者的优势,将短程硝化反硝化机理合理应用于 CRI 装置中进行生活污水除氮,并对 CRI 系统短程硝化反硝化影响因素和机制进行分析,探索最优除氮工艺参数,提高 CRI 系统除氮效率。研究成果将为小城镇生活污水和受污染的地表水治理提供新的方法和工艺参数。本实验有以下两点创新：

（1）提出将短程硝化反硝化机理合理应用于 CRI 系统进行脱氮，并分析 CRI 系统短程硝化的关键影响因子。

（2）通过解析影响因子、生物膜微生物特性以及含氮化合物等之间的协同变化关系，阐明 CRI 系统短程硝化机制。

1.4　主要内容及技术路线

1.4.1　研究内容

CRI 系统因上层好氧富碳以及下层厌氧缺碳的环境导致脱氮性能不能提高，从而限制了 CRI 技术的推广。若能将短程硝化反硝化技术和 CRI 技术结合起来，则能达到二者的优势互补。但实现短程硝化反硝化技术的关键在于亚硝氮的积累，若能成功实现亚硝氮的高积累率（不低于 50%），那么基于 CRI 系统中短程硝化反硝化技术的研究就实现了 80%。研究 CRI 系统中短程硝化反硝化的实验整体设计分两段，本实验将作为 CRI 系统中短程硝化反硝化实验前段，其主要目的是实现 CRI 系统中的关键步骤，研究 CRI 系统中的短程硝化现象，并对其形成条件、机理以及稳定维持的关键影响因子等作进一步研究。因此，本研究拟以实际生活污水加人工配制液的模拟废水为处理对象，同时根据实验所需进行调配，以溶解氧和抑制剂为主要影响因子并加以其他实验参数的调节在 CRI 系统中进行短程硝化的研究实验。本实验主要研究内容如下：

（1）以溶解氧为主要影响因子来研究其对系统短程硝化的影响。

（2）以抑制剂为主要影响因子来研究其对系统短程硝化的影响。

（3）以溶解氧和抑制剂为主要影响因子来研究其对系统短程硝化的影响。

1.4.2 拟采取研究方案

在实验室构建短程硝化反硝化 CRI 系统小试装置，并启动挂膜，拟以实际生活污水加人工配制液的模拟废水为处理对象，按实验所需进行调配，分析在以溶解氧和抑制剂为主要影响因子，其他参数（温度、干湿比、CN 比、pH 值等）为辅的条件下，结合水力学、微生物特性以及污染物迁移转化规律来研究系统内亚硝氮的积累情况。其主要技术路线如下：

（1）短程硝化小试装置的构建及系统挂膜。

装置构建：装置分两种，分别为不控氧装置和控氧装置。其中，不控氧装置由高 50 cm、内径 8 cm 的有机玻璃管制成，滤料由 90% 河沙＋5% 沸石砂＋5% 的大理石砂均匀混合而成，滤料高度为 40 cm，底部有 3 cm 厚的承托层，由筛选的粒径约 1 cm 的鹅卵石组成。系统进水孔设置于离管道顶端 3 cm 处，出水孔设置在承托层中部。装置配水由上而下，分别通过微电脑时控开关来调节进、出水时间；在出水口取样并进行氨氮、亚硝氮、硝氮、总氮以及 COD 的测定。实验废水以葡萄糖、碳酸氢钠、硫酸铵、磷酸二氢钾为主要成分，再加一定比例的生活污水配制而成，并在不同情况下根据实验所需进行调配，如抑制剂的添加；控氧装置与不控氧装置区别在于控氧装置顶端需要加盖密封并在盖子上安装氧分压测量仪，系统除进水孔和出水孔外，其他位置均采用有机玻璃粉进行密封。此外，其他构造同不控氧装置一样，系统布水由上而下，进水通过微电脑时控开关控制，出水由微电脑时控开关及电磁阀来调节等。

系统挂膜：系统采用自然挂膜方式，通入废水，每天进水4次，每次进水300 mL，每6 h进一次水。系统运行后以每2 d一次的测样频率对出水COD和氨氮进行监测，并计算系统除污能力。当出水COD去除率达75%，氨氮去除率达85%，并且系统出水长期处于稳定状态时，标志着挂膜成功。

（2）以溶解氧为变量因子来研究其对系统短程硝化的影响。

以配制水为处理对象，根据所需进行调配，结合系统特点，以溶解氧为变量因子，控制其他因子不变，对出水氨氮、硝氮、亚硝氮、总氮、COD进行监测，并根据出水数据对实验所需进行参数调节，考察以溶解氧为主、其他参数为辅的亚硝氮积累情况。

（3）以氯酸钠为变量因子来研究其对系统短程硝化的影响。

以配制水为处理对象，根据所需进行调配，结合系统特点，以抑制剂为变量因子，控制其他因子不变，对出水氨氮、硝氮、亚硝氮、总氮、COD进行监测，并根据出水数据对实验所需进行参数调节，考察以氯酸钠为主、其他参数为辅的亚硝氮积累情况。

（4）以溶解氧和氯酸钠为变量因子来研究其对系统短程硝化的影响。

以配制水为处理对象，根据所需进行调配，结合系统特点，以溶解氧和氯酸钠为变量因子，控制其他因子不变，对出水氨氮、硝氮、亚硝氮、总氮、COD进行监测，并根据出水数据对实验所需进行参数调节，考察以溶解氧和氯酸钠为主、其他参数为辅的亚硝氮积累情况。

1.4.3 技术路线图

本书技术路线见图1-3。

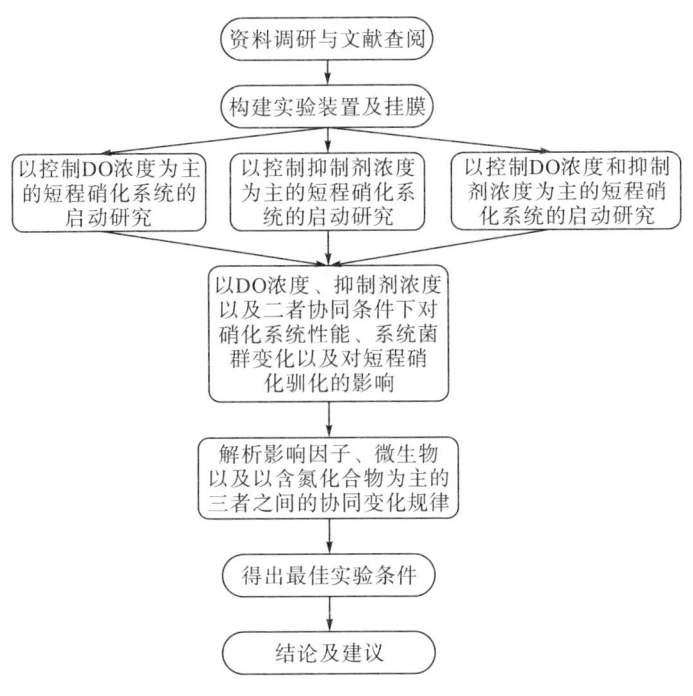

图1-3 技术路线图

第 2 章　材料与方法

在硝化反应中，参与反应的 AOB 和 NOB 是两类独立的菌群，AOB 参与从氨到亚硝氮转化，NOB 参与从亚硝氮到硝氮转化。但是 AOB 和 NOB 的适应条件和世代周期不尽相同，因此常常通过控制外界条件，让 AOB 成为系统内优势菌群，并且尽可能地抑制 NOB，将反应控制在亚硝氮阶段。因此，获得长期稳定的高浓度亚硝氮以及研究影响亚硝氮大量积累的外部控制因素成为研究的关键所在。本书主要研究在控制溶解氧、氯酸钠以及溶解氧和氯酸钠三个因子为主要控制因素的条件下，以不同参数为协同条件研究短程硝化的实现及其稳定性的影响。

相对于传统的全程脱氮反应，短程硝化反硝化具有诸多优势，如节能、省地、经济等。但实现短程硝化的苛刻条件加大了其在实际应用中的难度，需控制温度、pH 值、溶解氧浓度、游离氨浓度等因素。因此，尽可能地减少影响因子对短程硝化的影响，实现其稳定运行，减少或消除影响因子在现实运行中的局限性意义重大。

针对本书的研究内容，在溶解氧、抑制剂以及溶解氧和抑制剂共同作用条件下对短程硝化的影响及其变化，本实验在实验室构建短程硝化反硝化 CRI 系统小试装置，并启动挂膜，拟以实际生活污水加人工配制液的模拟废水为处理对象，按实验所需进行调配，分析在以溶解氧和抑制剂为主要影响因子，其他参数（温度、干湿比、CN 比、pH 值等）为辅的条件下，结合水力学、微生物特性以及污染物迁移转化规律来研究系统内亚硝氮的积累情况。通过以上材料与方法探究单纯控氧装置下系统内亚硝氮积累及其氮素转化，传统 CRI 系统内单纯添加抑制剂条件下系统内亚硝氮积累情况，控氧和抑制剂协同作用下系统内亚硝氮积累情况及氮素转化。

2.1 装置的构建及系统挂膜

2.1.1 装置的构建

装置分两种，分别为不控氧装置和控氧装置，具体到各个实验会有相应说明。其中，不控氧装置由高 50 cm、内径 8 cm 的有机玻璃管制成，滤料由 90％河沙＋5％沸石砂＋5％大理石砂均匀混合而成，滤料高度为 40cm，底部有 3 cm 厚的承托层，由选取的粒径约 1 cm 的鹅卵石组成。系统进水孔设置于离管道顶端 3 cm 处，出水孔设置在承托层中部。装置配水由上而下，分别通过微电脑时控开关来调节进、出水时间；在出水口取样并进行氨氮、亚硝氮、硝氮、总氮以及 COD 的测定。控氧装置与不控氧装置区别在于控氧装置顶端需要加盖密封并在盖子上安装氧浓度测量仪，系统除进水孔和出水孔外，其他位置均采用有机玻璃粉进行密封。此外，其他构造同非控氧装置一样，系统布水由上而下，进水通过微电脑时控开关控制，出水由微电脑时控开关及电磁阀来调节。具体装置见图 2-1 和图 2-2。

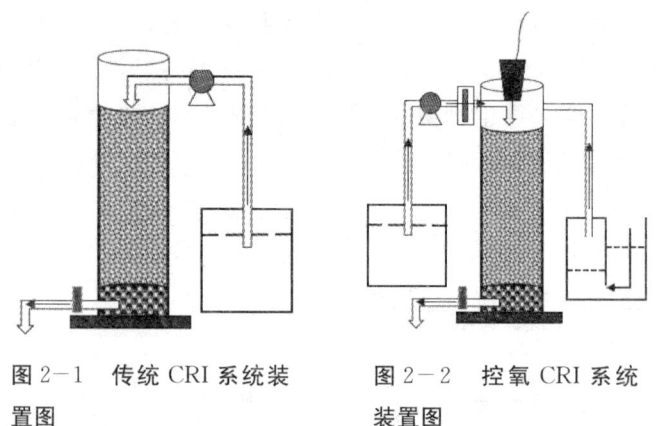

图 2-1 传统 CRI 系统装置图　　图 2-2 控氧 CRI 系统装置图

2.1.2 系统挂膜

系统采用自然挂膜方式，通入废水，每天进水4次，每次进水 300 mL，每 6 h 进水一次。挂膜采用的污水由人工配制模拟水和一定量生活污水混合而成。待系统运行一周左右后以每 2 d 一次的测样频率对出水 COD 和氨氮进行监测，并计算系统除污能力。当出水 COD 去除率达 75%，氨氮去除率达 90%，并且系统出水长期处于稳定状态时，标志着挂膜成功。因为后期各实验进水方式、水量一样，采用启动挂膜状态一样，所以各实验挂膜状态均在此处做说明，之后在各章节中不再做说明。图 2-3 和图 2-4 分别是系统挂膜过程中微生物着生电镜图。

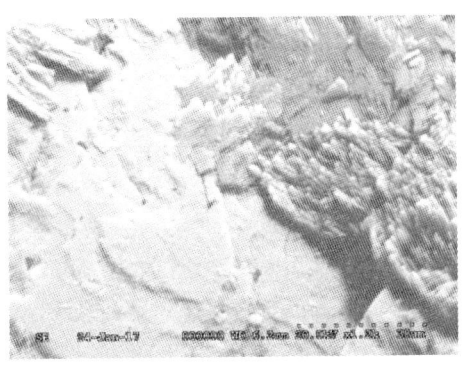

图 2-3 挂膜前镜检图片

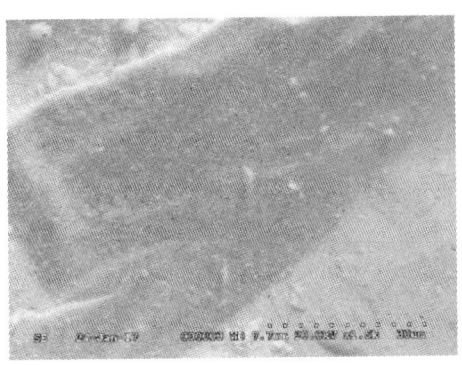

图 2-4 挂膜后镜检图片

2.2 实验用水

实验废水以葡萄糖、碳酸氢钠、硫酸铵、磷酸二氢钾为主要成分以及加一定比例的生活污水配制而成，其中，蛋白胨和牛肉膏视情况添加，并在不同情况下根据实验所需进行调配，如氯酸钠的添加。表 2-1 为按 1 L 水量所采用的具体药品规格及用量。具体用量可根据用水量加减。

表2-1 药品规格及用量

名称	纯度/规格	生产厂家	用量（g）
葡萄糖	优级纯	国药集团化学试剂有限公司	0.094
碳酸氢钠	分析纯	国药集团化学试剂有限公司	0.133
硫酸铵	分析纯	国药集团化学试剂有限公司	0.236
磷酸二氢钾	分析纯	国药集团化学试剂有限公司	0.0132
氯酸钠	分析纯	国药集团化学试剂有限公司	0.1065

2.3 分析项目及监测方法

实验中各项目监测均采用《水和废水监测分析方法》第四版中各项目规定方法进行监测，详见表2-2。

表2-2 实验项目监测方法

监测项目	分析方法
氨氮	纳氏试剂分光光度法
硝氮	紫外分光光度法
亚硝氮	N-（1-萘基）-乙二胺分光光度法
总氮	碱性过硫酸钾法
COD	重铬酸钾法

第 3 章 控氧 CRI 系统中亚硝氮积累及其氮素转化的研究

溶解氧是短程硝化反应的一个重要影响因素，也是短程硝化反应的一个关注指标，涉及曝气量的溶解氧量在工程上是一个能耗指标。短程硝化反应需要在低氧环境下进行，而亚硝酸菌和硝酸菌均是好氧菌，但是二者对好氧条件均有差异，所以 DO 浓度的高低将会影响这两类硝化细菌的繁殖状况。Laanbroek 等（1994）的研究也表明，低溶解氧下亚硝酸菌大量积累是由于氨氧化菌对溶解氧的亲和力较亚硝酸盐氧化菌强。王志盈等（2000）在高氨浓度下对生物流化床内亚硝化过程的选择特性研究过程中发现，由于溶解氧降低，一方面使亚硝酸盐氧化菌因受基质的限制而速率降低；另一方面，氨氧化菌对有限溶解氧的竞争力强于亚硝酸盐氧化菌，使氨氧化菌增殖和氧化速率比亚硝酸盐氧化菌高。因此，全程硝化中两类细菌的平衡被打破，氨氧化菌的活性远大于亚硝酸盐氧化菌，从而获得了持久稳定的亚硝氮积累。

本章对控氧 CRI 系统中亚硝氮积累及其氮素转化做了探究，以便在此基础上做进一步实验。通常采取低溶解氧浓度及其他条件来抑制 NOB 的繁殖，从而促进目标菌群 AOB 的竞争生长，使其成为优势菌群，并最终达到亚硝氮的积累。然而，NOB 对低溶解氧的抑制作用具有一定的适应性，在系统内溶解氧浓度控制不稳定时，AOB 和 NOB 两类菌群比较容易遭到破坏，从而影响系统内亚硝氮的积累效果，并很可能使系统内主体反应转化为全程硝化过程。因此，本实验在调节系统溶解氧的前提下，对高氮素浓度和低氮素浓度条件下出水中各氮素转化情况做了分析，并对亚硝氮积累情况做了说明。

3.1 实验材料与方法

3.1.1 设计原理

水中溶解氧浓度与大气氧气分压存在以下关系：

$$DO = 1.117 \times 10^{-6} e^{1746.5/T+273.15} \rho(O_2) \quad (3-1)$$

式中　　DO——水中溶解氧浓度，mg/L；

T——温度，℃；

$\rho(O_2)$——氧分压，Pa。

通过式（3-1），当温度为 25℃时，要达到饱和溶解氧浓度 2.5 mg/L，氧分压需要达到 6631.5 Pa，相当于要达到大气中氧浓度的 30% 左右。若进一步降低空气交换量，则可达到更低的溶解氧浓度。由菲克第一定律，如下式：

$$J = D \frac{\partial C}{\partial x} \quad (3-2)$$

式中　　$\frac{\partial C}{\partial x}$——浓度梯度，单位距离浓度的变化量，mol·m^{-4}；

J——扩散通量，单位时间内通过单位截面的质点数，mol·s^{-1}·m^{-2}；

D——扩散系数，单位浓度梯度的扩散量，m^2·s^{-1}；

C——质点数浓度,单位体积质量数,mol·m^{-3}。

根据式(3-2),在浓度变化大且扩散距离又很短的情况下,扩散通量将显著提升。而CRI系统中介质表面水膜极薄,近似于溶解氧达到饱和态。而DO是硝化与反硝化过程中的重要因素,也是最常见的控制因素之一(丁文川等,2012)。因此,CRI系统中溶解氧浓度则可通过控制空气中氧分压来实现。研究表明(王淑莹等,2002;马勇等,2006;Garridojm等,1997;Ruizg,Jeisond,Charmyr等,2003),当溶解氧浓度控制在0.5~3 mg/L时,可实现亚硝氮的积累。由式(3-1)可知,实验中空气交换量可控制在25%~50%。

3.1.2 装置设计

本实验通过对CRI系统进行密封,并在系统上部连接一个U形水槽,通过U形水槽限制进出水过程中的空气交换量,以达到间接控制系统中氧浓度的目的。U形水槽另一端通过细管道与一不满水箱相连。具体装置如图3-1所示。U形水槽⑧说明:由于整个短程硝化段相对封闭,进水时内部压力增大,迫使U形水槽与短程硝化段连通(图中左侧),水进入与大气连通(图中右侧),直至水被完全排至一侧时,部分空气溢出;出水时,短程硝化段由于水量排出,内部形成负压,U形水槽右侧水进入左侧,直至水全部进入左侧时,部分空气进入左侧。通过控制U形水槽内水量可以控制空气交换量,水量越多,空气进入量越少。

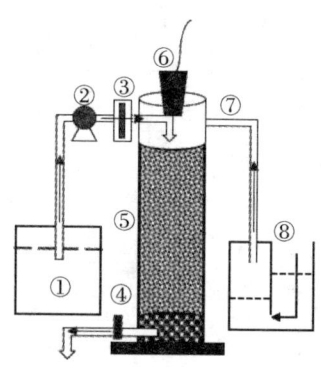

图 3-1 控氧 CRI 系统装置图

系统由有机玻璃管制成，不控氧装置由高 50 cm、内径 8 cm 的有机玻璃管制成，滤料由 90% 河沙+5% 沸石砂+5% 大理石砂均匀混合而成，滤料高度为 40 cm，底部有 3 cm 厚的承托层，由选取的粒径约 1 cm 的鹅卵石组成。系统进水孔设置于离管道顶端 3 cm 处，出水孔设置在承托层中部。提前配制好的污水①由泵②通过单向阀③抽进系统⑤，每次向系统进水 300 mL，每天平均进水 4 次，每次进水时保证出水口处阀门④处于关闭状态 0.5 h，让系统中空气通过气管⑦从 U 形水槽⑧排出。随之打开阀门④，进入系统的水自然从出水口流出，之后再取水监测。系统中的氧浓度通过 AZ8403 溶解氧仪器⑥进行监测，并在系统顶端增设溶氧报警仪，当浓度不是设定值时，报警器报警提示氧浓度发生变化，微电脑时控开关将控制 U 形水槽自动调节水量使系统内氧量恒定。进水泵②以及止水阀④均由时控开关控制。通过增减 U 形水槽水量，可相应改变进入系统中的空气量，U 形水槽也以液封的形式将大气和系统隔绝。

实验前期，照常以开放式系统给装置布水，系统出水氨氮浓度慢慢降低，10 d 左右出水氨氮去除率达 85%，出水以硝氮为主，仅有微量的亚硝氮，忽略不计，此时系统中 NOB 是优势菌群，硝化过程为全程硝化。最后在此基础上研究控氧调控对系统中亚硝氮积累的影响。

3.2 结果与分析

3.2.1 高氮浓度条件下系统运行结果与分析

短程硝化的关键之处在于亚硝氮的高效率积累，因此要试图将反应控制并稳定维持在亚硝氮阶段，阻止其向硝酸盐的转化，以期实现高效率的亚硝氮积累。本实验主要在 CRI 系统中调节空气交换量和进水氮素、碳素浓度，在常温，pH 值为 8.0 时（Balmelle 等，1992；Grunditz 等，1998；Benmoussa 等，1986），系统挂膜稳定后，向系统布水氨氮浓度为 110~120 mg/L，COD 浓度为 300~560 mg/L，系统空气交换量为 30%左右，系统运行 11 d 左右发现系统内溶解氧不足以氧化进水高氮素碳素。因此，中途将空气交换量上调至 50%。系统进出水 COD、氨氮，以及出水亚硝氮、硝氮浓度变化情况分别如图 3-2~图 3-4 所示。在初期调整的 18 d 左右，系统内并无明显亚硝氮积累。

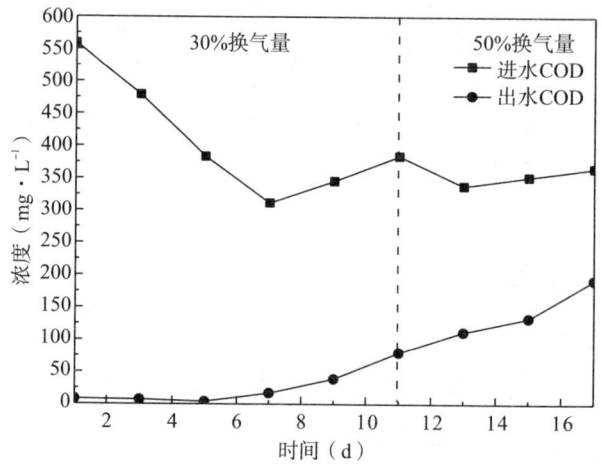

图 3-2 控氧 CRI 系统进出水 COD 浓度变化情况

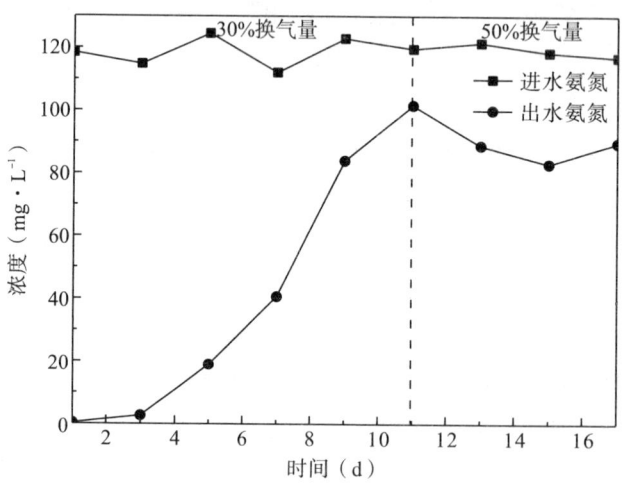

图 3-3 控氧 CRI 系统进出水氨氮浓度变化情况

第3章 控氧CRI系统中亚硝氮积累及其氮素转化的研究

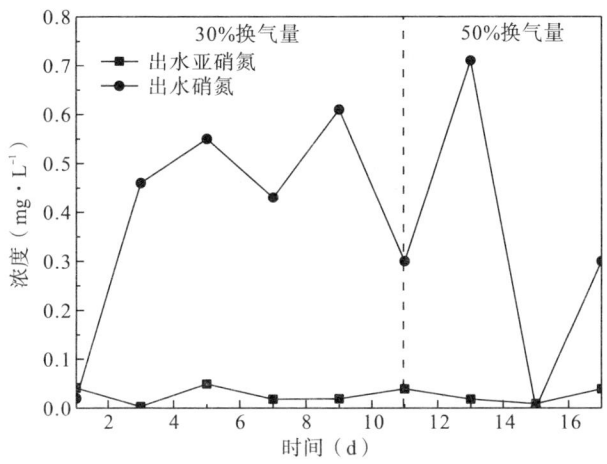

图3-4 控氧CRI系统出水亚硝氮和硝氮浓度变化情况

从图3-4可知，系统出水亚硝氮和硝氮在调整空气交换量前后均无明显积累；图3-2和图3-3中，当调整空气交换量前，进入系统的氨氮浓度达120 mg/L，COD浓度达560 mg/L，当空气交换量为30%时，系统出水氨氮浓度逐渐升高，系统内起初几天因滤料吸附出水氨氮浓度较低，后吸附接近饱和，滤料吸附作用减弱，出水总氮迅速升高且以氨氮为主，很少有氨氮参与反应。然而，装置内氧气不足以氧化装置内吸附的氨氮和COD，导致装置内出水氨氮、COD浓度逐渐升高，这也是出水氮素和COD浓度去除率不高的原因之一。综合以上两个因素，参与反应的氨氮少，系统内亚硝氮和硝氮浓度很低，几乎可以忽略不计。调整空气交换量至50%后，系统内有更多的氧可以氧化COD和氨氮，出水氨氮呈下降趋势，总体出水氨氮浓度均有下降，但浓度较原水差异不大，始终保持低于原水浓度，呈大致平衡的状态，所以系统在发生硝化反应的同时，低氧环境下系统内也有部分反硝化作用将产生的亚硝氮和硝氮还原。

3.2.2 低氮浓度条件下系统运行结果与分析

继续降低系统配水浓度，氨氮浓度为 35~40 mg/L，COD 浓度为 100~165 mg/L，保持系统内空气交换量 50% 不变，系统稳定运行 20 d，如图 3-5 所示，系统出水中亚硝氮明显开始积累，最高浓度达 83 mg/L，远远超过了进水氨氮浓度。

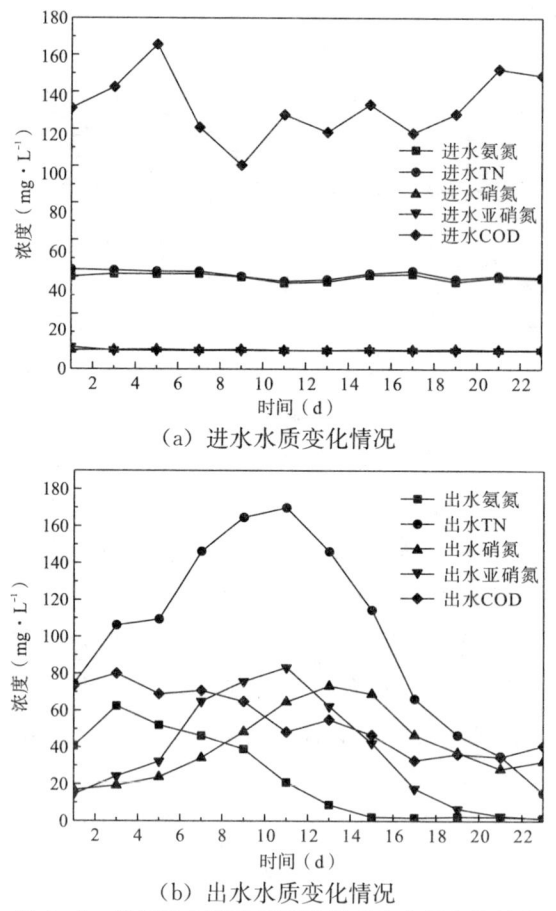

(a) 进水水质变化情况

(b) 出水水质变化情况

图 3-5 降低进水浓度后系统进出水水质变化情况

对比图 3-5（a）(b) 进出水中氮素和碳素变化情况发现，降低进水浓度后，保持系统内空气交换量 50% 不变，有充足的溶解氧，系统内发生硝化反应使得亚硝氮和硝氮浓度迅速上涨，运行至 11 d，亚硝氮浓度最高达 83 mg/L，远远超过进水氨氮浓度；分析此时系统内亚硝氮的积累大部分是因为之前高氮素条件下吸附解析而来的氨氮，随之亚硝氮浓度逐渐下降，降低至 1.2 mg/L，整个过程中亚硝氮具有较高的积累。但是系统运行 11 d 后亚硝氮逐渐降低，23 d 以后基本见不到明显积累。然而，出水总氮浓度也是远远超过进水总氮浓度，随之再迅速降低，接近进水浓度，没有出现长时间稳定状态。从图 3-5（b）中不难发现总氮与亚硝氮有相关趋势，中途亚硝氮和总氮的峰值都来自之前系统中吸附分解而来的氮素。硝氮始终维持在一个较高水平，推断系统内部硝化作用过强。而系统内的硝化作用与有机物的分解不能完全消耗进入系统内的氧量，导致后续亚硝氮继续被氧化为硝氮而不能有效积累。

总体来说，此阶段总氮去除率最低，氨氮大量转化为硝氮，但是随着系统内空气交换量的增大，在助长了硝化、氨化作用的同时，系统内亚硝氮的氧化作用并没有被限制到。

3.2.3 低氮浓度条件下变化空气交换量系统运行结果与分析

由 3.2.2 节结果分析中发现，低氮浓度、50% 空气交换量条件下亚硝氮虽有明显积累，但是过量氧会将亚硝氮氧化成硝氮，已经不能满足实验要求。于是进一步控制空气交换量，将其下调到 30% 和 25%，其进出水水质变化情况如图 3-6 所示。

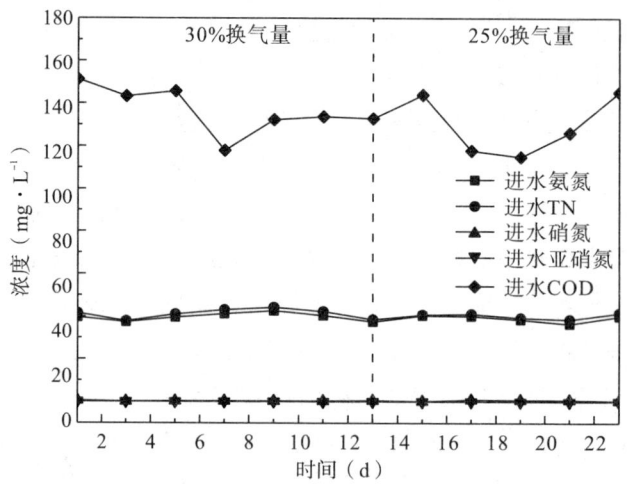

（a）进水水质变化情况

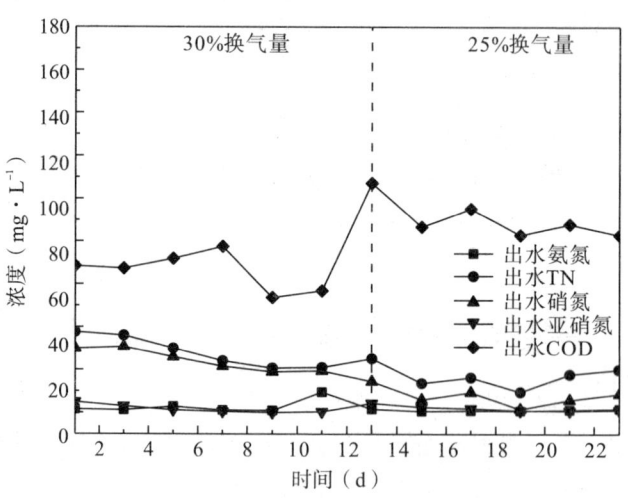

（b）出水水质变化情况

图 3-6 减少空气交换量后系统进出水水质变化情况

实验过程中发现，每次下调空气交换量，亚硝氮都会有积累，但是随之下降，分析结果发现氧气供应量的下调在一定程度上确实可以使亚硝氮有短暂积累，但不会达到稳定效果。出水硝氮在减少空气交换量后浓度明显减小，但一直存在，出水中也一直有一定浓度的 COD 存在。在线溶解氧仪器显示氧浓度在 $0.08\sim2$ mg/L，已是实现短程硝化的合适浓度范围，但是整个过程出水硝氮浓度却一直存在且并不算低，说明系统内 NOB 在低氧环境下已产生较高的耐受性。而低氧环境下，硝化作用对氧气的竞争能力明显更强，出水氨氮浓度几乎很低，出水 COD 浓度随着空气交换量的降低而升高。空气交换量以 30%、25%两次下调，下调过程中，空气交换量的减少伴随着反硝化条件产生，因此，出水总氮含量减少，总氮去除率升高。总的来说，氨氮、COD 去除率随着供氧量的减少而不断减小，出水硝氮减少明显，但因 NOB 耐低氧让硝氮一直有剩余，故系统内低氧环境下脱氮作用导致出水总氮去除率升高。在整个过程中，出水亚硝氮可视为无积累状态。

3.3 结论及建议

3.3.1 结论

整个实验过程在初期高氨氮浓度废水启动后，系统亚硝氮无明显积累，后续降低进水氨氮浓度，系统亚硝氮积累明显，之后调整空气交负量也未能稳定系统内的亚硝氮，分析与系统内的厌氧还原作用有关。整个实验过程中，出水亚硝氮、进出水 COD 以及空气交换量的变化关系如图 3-7 所示。

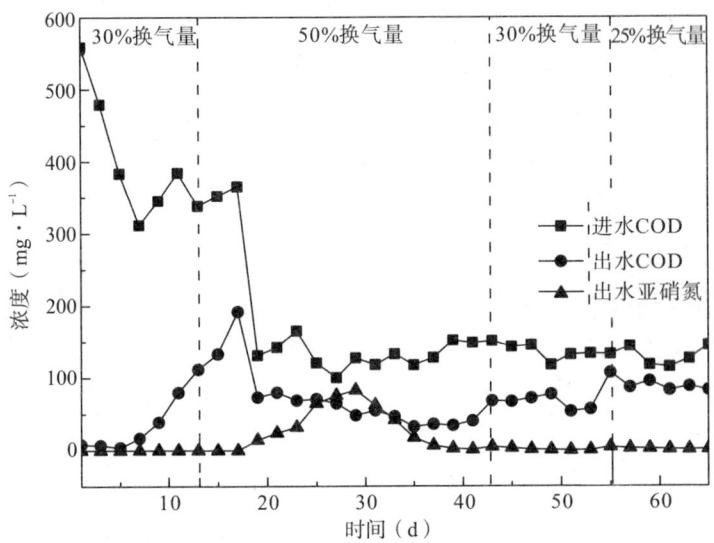

图 3-7 出水亚硝氮、进出水 COD 以及空气交换量的变化关系

系统中 AOB、NOB 数量和活性均关系到亚硝氮的积累。当氧浓度不足时，系统中 AOB 数量和活性均达不到反应条件。而当系统内氧浓度过量时，NOB 很容易将反应生成的亚硝氮氧化成硝氮。在低氧含碳的条件下，反硝化菌通过硝化作用又可分解系统中的有机质，并将亚硝氮还原成氮气排出系统。从图 3-7 中可知，在原水 COD 浓度明显降低以后，出水亚硝氮浓度明显升高，初期对空气交换量的调整对亚硝氮的积累并没有起到作用。有氧环境中，过量 COD 被好氧菌氧化分解，系统中有限的氧量不能完全用于氨氮的氧化，所以系统中氨氮的转化只是部分转化，大量的 COD 使得系统中的氧更快消耗，系统较快进入厌氧状态，而部分转化生成的亚硝氮和硝氮会在反硝化作用下还原成氮气而排出系统。当进水 COD 浓度从 366 mg/L 减少到 130 mg/L 后，系统内进水 COD 量少于

氧化分解，加之部分 COD 被排出系统，系统内吸附的 COD 减少，耗氧量降低，系统逐渐满足反硝化条件，出水亚硝氮浓度升高。进一步降低空气交换量，COD 再次促进反硝化作用，将亚硝氮还原成氮气，过强的还原作用是导致亚硝氮未能稳定积累的主要原因。

3.4 本章小结

在常温，pH 值为 8.0 左右，采用 CRI 装置探究在高、低氮素及碳素条件下系统中亚硝氮的积累及其氮素的转化途径。结果表明，当系统由初期进水氨氮浓度为 110.11~120 mg/L，COD 浓度为 310~560 mg/L 时，调整空气交换量，亚硝氮没有明显积累；后续实验废水浓度降低 2/3，当氨氮浓度为 36~42 mg/L，COD 浓度为 100~165 mg/L 时，调整空气交换量，出水亚硝氮明显积累，最高达 83 mg/L 左右，占出水总氮 50% 左右。本实验结果为以后 CRI 系统内短程硝化的研究提供了一定理论基础，并表明用含高浓度氨氮废水启动系统，后期降低系统进水氨氮浓度，通过控氧及后续调整，有望在 CRI 系统内实现短程硝化。

实验过程相当于用高浓度氮素废水启动系统运行，后期降低系统进水浓度，以及调整空气交换量，以达到亚硝氮的高效积累。实验中途亚硝氮出现了短暂的高浓度积累，随之逐渐减少，未能达到稳定积累。但是就整个实验过程及结果而言，亚硝氮出现积累现象，最高亚硝化率达到 50% 左右，说明系统内 AOB 已经达到优势竞争状态。此实验虽然处于初期探索阶段，但为以后 CRI 系统内短程硝化的发展提供了一定的理论和经验。例如，可以通过系统内高氮进水和调整溶解氧量的方法来筛选培养实验所需的 AOB；通过调整系统内溶氧量以及滤层的厚度达到较好的溶解氧传质状态，将系统内硝化和反硝化条件控制在较好的临界状态等。通过后续实验方案调整，继续在 CRI 系统中探索研究亚硝氮的积累，有望在 CRI 系统内实现短程硝化反硝化。

第4章 氯酸钠对非控氧CRI系统中亚硝氮积累及其氮素转化的研究

4.1 实验材料与方法

4.1.1 实验装置

因为系统所研究的是非控氧条件下氯酸钠抑制剂对系统内亚硝氮积累的影响，故本实验装置就以传统CRI装置为模型，由高50 cm、内径8 cm的有机玻璃管制成，滤料由90%河沙+5%沸石砂+5%大理石砂均匀混合而成，滤料高度为40 cm，底部有3 cm厚的承托层，由选取粒径约1 cm的鹅卵石组成。系统进水孔设置于离管道顶端3 cm处，出水孔设置在承托层中部。具体装置见图4-1。提前配制好的污水①由泵②抽进系统③，在系统内得以处理后通过出水口排出，其中调节止水阀④可控制出水速率。系统布水由上而下，分别通过微电脑时控开关来调节进水、出水时间；在出水口取样并进行氨氮、亚硝氮、硝氮、总氮的测定。

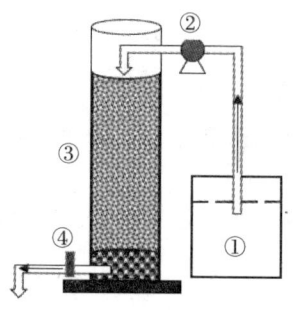

图 4-1 实验装置

4.1.2 实验方法

为了减少系统内各个因子对实验效果的影响，保持硝化阶段足够的碱度，实验尽可能地减少变量因子。系统挂膜后，在四季常温下，将系统内进水 pH 值调节为 8.0~8.5，进水氨氮浓度调节为 45~50 mg/L，实验时间控制在 20 d 内。因为不了解抑制剂浓度对系统内微生物的影响情况，实验抑制浓度分别设置为 0.5 mmol/L、1.0 mmol/L、1.5 mmol/L 和 2.0 mmol/L 四种浓度。每隔一天于固定时间取装置内出水水样进行监测分析，以研究不同 $NaClO_3$ 浓度对装置硝化阶段的影响。

4.2 结果与分析

基于前期实验，系统稳定调整后，分别向 4 组装置进水中投加 0.5 mmol/L、1.0 mmol/L、1.5 mmol/L 和 2.0 mmol/L 浓度的氯酸钠，每 2 d 取样一次测量系统出水中氮素变化情况。各装置均出现初期投加氯酸钠系统出水亚硝氮浓度明显上升到系统出水亚硝氮积累明显下降直到出水中亚硝氮消失的现象，整个过程持续 15~20 d。具体各系统出水氨氮、硝氮、亚硝氮、总氮浓度变化以及氨氮转化率分别如图4-2~图4-5所示。亚硝氮积累率如图4-6所示。

实验探究的是氯酸钠对非控氧装置系统中亚硝氮积累变化的影响，整个过程中不难发现在抑制剂浓度分别为0.5 mmol/L、1.0 mmol/L、1.5 mmol/L时系统出水中亚硝氮均有明显积累，亚硝氮积累状态均是从升高到降低的趋势。表观几种抑制剂浓度进水装置中，0.5 mmol/L、1.0 mmol/L、1.5 mmol/L氯酸钠进水系统中亚硝氮积累浓度最高分别达到11.6 mg/L、17.325 mg/L、15.625 mg/L，最高亚硝氮积累率分别为40%、53%、49%。而抑制剂浓度为2.0 mmol/L的装置出水中亚硝氮存在积累，从积累的效果上来讲并不理想，看似有较高的亚硝氮积累率，但参与转化的氨氮微乎其微，出水中亚硝浓度也很低，表观较高的亚硝氮积累率对实验而言并没有什么意义。从数据上看，前期氯酸钠对系统中亚硝氮的积累效果是明显的，但是后一周均出现明显下降的情况，后期系统中出水亚硝氮逐渐降低，氨氮转化率逐渐升高。因为系统对溶解氧的摄入并没有得到控制，完成亚硝化过程之后，系统持续的好氧状态造成亚硝氮继续氧化为硝氮，从而积累率降低，过高的溶解氧浓度使系统中NOB增长迅速，造成硝化阶段亚硝氮继续被大量氧化，破坏短程硝化过程，导致亚硝氮得不到积累。

4.2.1　0.5 mmol/L氯酸钠装置系统出水氮素转化情况

前3组装置加药后系统出水氨氮浓度相对于加药前均有不同程度的升高。0.5 mmol/L进水装置中系统出水氨氮浓度由加药前0.8 mg/L上升到10 mg/L左右，并且随着氯酸钠投加浓度的增大，各组反应器出水氨氮浓度也明显升高，尤其严重的是在进水氯酸钠浓度为2.0 mmol/L的装置中，实验第1 d

出水氨氮浓度就达到 40 mg/L（见图 4-2）。很明显，对系统投加的氯酸钠浓度越大，药剂对于系统的影响也越大，参与氨氧化反应的 AOB 在投加药剂后明显受到抑制。在 0.5 mmol/L 氯酸钠浓度进水装置中，系统在加药后前几天出水氨氮浓度小幅度增长到 10 mg/L 左右，但后期运行中系统出水氨氮浓度一直呈下降趋势，并在第 8 d 左右恢复至加药前的水平，出水浓度在第 9 d 后逐渐维持在 1 mg/L 以下，观察系统出水中各氮素转化情况，系统内已经转换为最初的全程硝化状态，至少表明在 0.5 mmol/L 氯酸钠浓度下，药剂对系统内 AOB 不会造成明显影响，AOB 能够从最初加药的冲击状态适应该浓度环境而正常繁殖。硝氮在加药后也出现下降的趋势，加药后系统出水硝氮浓度降低到 33 mg/L，在第 7 d 逐渐降低到 16.35 mg/L，很显然氯酸钠对 NOB 的活性同样产生了抑制作用，但是从硝氮降低的趋势和出水亚硝氮浓度增长的情况上来看，在该浓度下，NOB 仅仅是受到缓慢抑制，使亚硝氮得到缓慢积累，因为药剂投加量较低，导致 NOB 受到的抑制作用也较弱，并且又是在系统内氧气得不到控制的条件下，致使药剂产生效果不佳，出水中硝氮随着时间的推移明显升高。最终 AOB 和 NOB 在该浓度氧气未受控制的条件下，均逐渐适应环境，系统内硝化状态恢复如初。

第4章 氯酸钠对非控氧 CRI 系统中亚硝氮积累及其氮素转化的研究

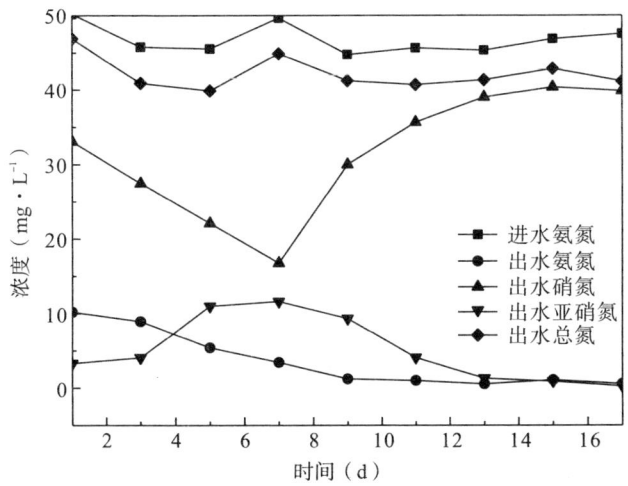

(a) 0.5 mmol/L 氯酸钠浓度下系统出水各氮素变化情况

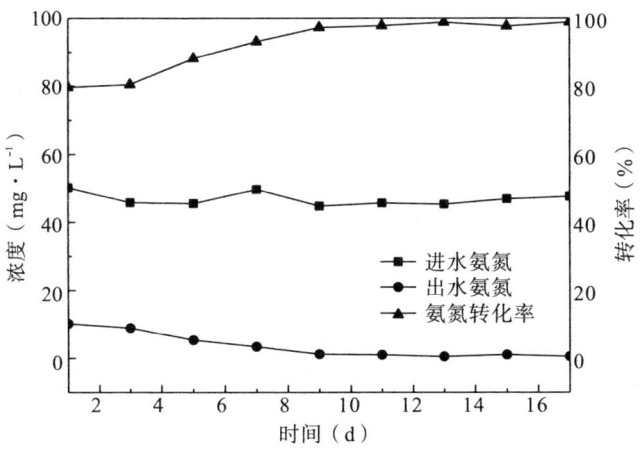

(b) 0.5 mmol/L 氯酸钠浓度下系统氨氮转化率

图 4-2 0.5 mmol/L **氯酸钠浓度**

4.2.2　1.0 mmol/L、1.5 mmol/L 氯酸钠装置系统出水氮素转化情况

当对系统投加的氯酸钠浓度分别为 1.0 mmol/L、1.5 mmol/L时，系统出水氨氮浓度明显升高，相像的是前面 5 d 左右两组系统中出水氨氮浓度差异不大，在第 7 d 左右出水中氨氮浓度开始下降，并随着时间的推移呈缓慢下降趋势（见图 4-3 和图 4-4）。这说明随着氯酸钠投加浓度的增加，AOB 对氯酸钠的适应能力也逐渐减弱，相较于低浓度氯酸钠中 AOB 菌群，其所适应周期也逐渐变长。在这两组装置系统中，出水硝氮浓度在整个过程中也由开始的较低值逐渐增长，并且到后期出水硝氮浓度增长更迅速，而对比出水亚硝氮浓度趋势，1.0 mmol/L 氯酸钠系统中亚硝氮增长趋势更缓且周期更长，而 1.5 mmol/L 氯酸钠系统中出水亚硝氮增长浓度较大，增长周期较短，浓度降低更迅速。最终，无限的复氧状态加速促进了 AOB 活性，也加速了亚硝氮的转化，两个系统最终在高浓度抑制剂条件下缓慢进入全程硝化状态，只是相对于低浓度情况而言，耗时更长，毕竟增加氯酸钠浓度的量对系统内菌群的作用相对来说更持久一些。

第4章 氯酸钠对非控氧CRI系统中亚硝氮积累及其氮素转化的研究

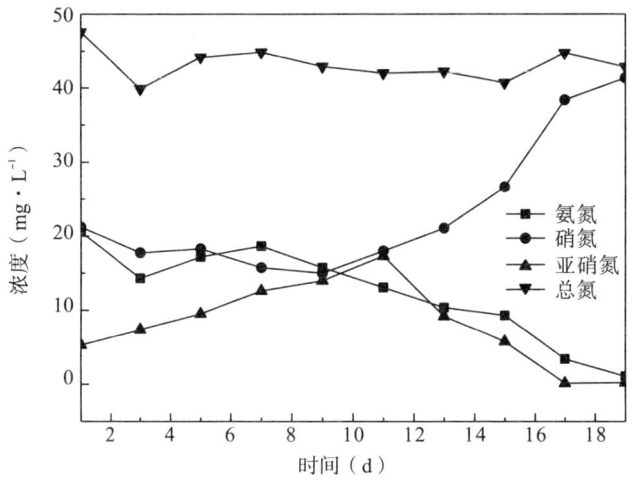

(a) 1.0 mmol/L 氯酸钠浓度下系统出水各氮素变化情况

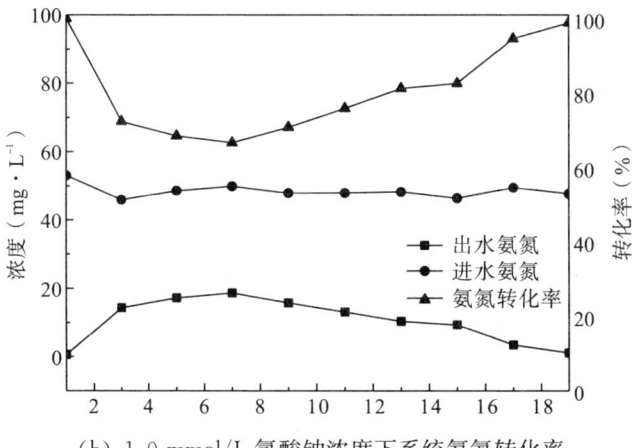

(b) 1.0 mmol/L 氯酸钠浓度下系统氨氮转化率

图 4-3 1.0 mmol/L **氯酸钠浓度**

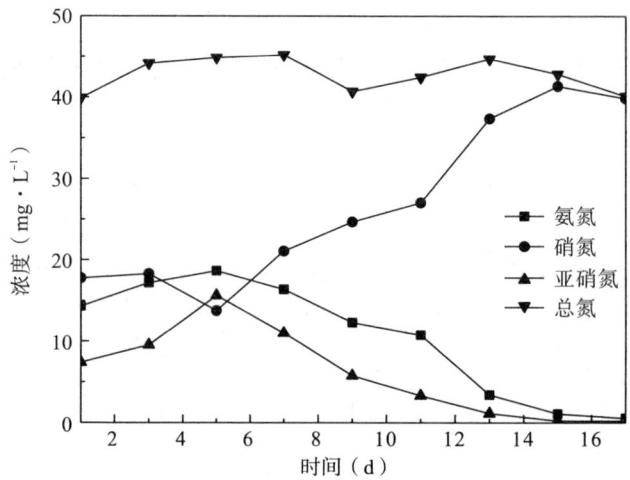

(a) 1.5 mmol/L 氯酸钠浓度下系统出水各氮素变化情况

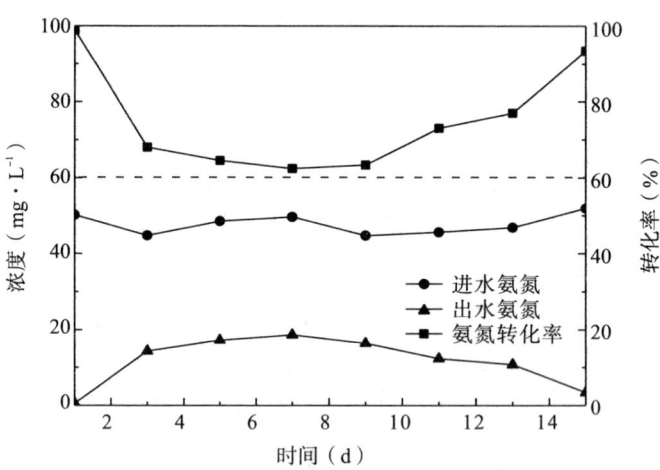

(b) 1.5 mmol/L 氯酸钠浓度下系统氨氮转化率

图 4-4　1.5 mmol/L 氯酸钠浓度

4.2.3 2.0 mmol/L 氯酸钠装置系统出水氮素转化情况

当氯酸钠浓度为 2.0 mmol/L 时，系统出水氨氮浓度很高，并且随着时间的推移并没有出现明显的下降趋势，只是到后期在无限复氧状态下出现些许的转化（见图 4-5），由此说明 AOB 受到严重抑制。出水中亚硝氮中途几天出现过微量的积累，但对于整个试验阶段而言，亚硝氮积累并不明显，判断过高浓度的氯酸钠会严重地抑制系统内硝化细菌活性，AOB、NOB 均被选择性抑制。因此，选择此浓度做后期实验并不合适。

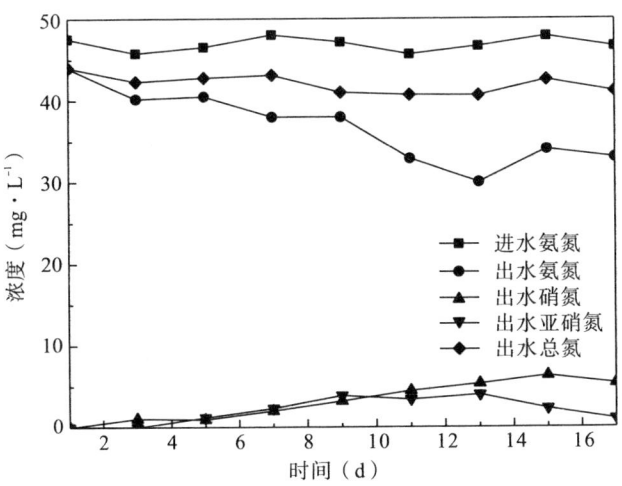

(a) 2.0 mmol/L 氯酸钠浓度下系统出水各氮素变化情况

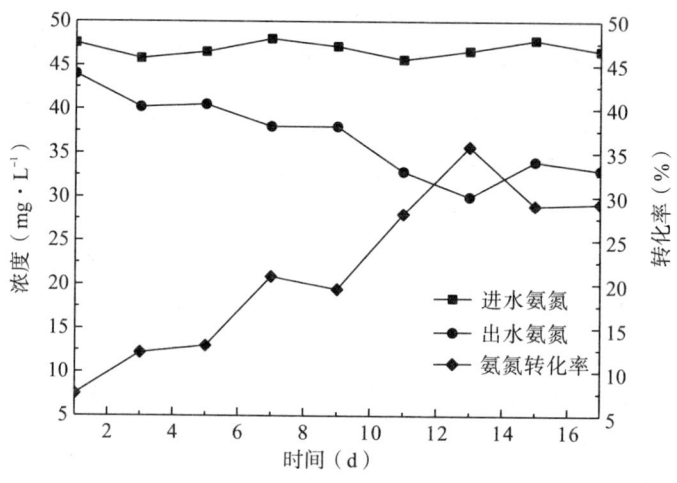

(b) 2.0 mmol/L 氯酸钠浓度下系统氨氮转化率

图 4-5 2.0 mmol/L 氯酸钠浓度

4.2.4 各氯酸钠浓度下系统亚硝氮积累率情况

从亚硝氮积累率来看，0.5 mmol/L 氯酸钠装置出水在亚硝氮积累最高时达 40.8%。1.0 mmol/L、1.5 mmol/L 两种浓度均在实验过程中出现了亚硝氮积累率最高达到 50% 左右的情况，分别为 53.17% 和 49.04%，表明这两种浓度下系统可以达到短程硝化，但并不能维持。而 2.0 mmol/L 氯酸钠装置出水中表观亚硝氮积累率很高，因实际参与转化的氨氮很少，故讨论该装置出水并无意义（见图 4-6）。

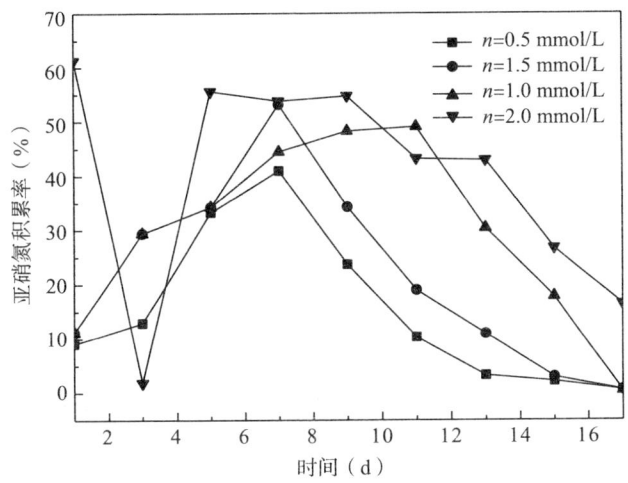

图 4-6　各氯酸钠浓度下亚硝氮积累率

4.2.5　各氯酸钠浓度下系统氨氮转化情况

从氨氮转化率的角度来看，观察图 4-2~图 4-4 中氨氮转化率，0.5 mmol/L 氯酸钠浓度装置的氨氮转化率由最初的 80% 左右迅速升高达 97% 左右，1.0 mmol/L 氯酸钠装置的氨氮转化率由最初的 68% 缓慢增长至 97%，1.5 mmol/L 氯酸钠装置的氨氮转化率由 64% 逐渐增加至 93%，有区别的是 1.5 mmol/L 氯酸钠装置的氨氮转化率趋势相对于 1.0 mmol/L 氯酸钠装置氨氮转化率趋势更缓慢。

4.2.6　药剂浓度选择

在药剂浓度选择方面，观察 1.0 mmol/L 氯酸钠和 1.5 mmol/L 氯酸钠对于系统中亚硝氮积累的优势稍有差异，不相上下。从减少药剂投加量和节省启动时间等各方面综合考虑，选择 1.0 mmol/L 作为下一步实验药剂浓度的最佳投加量。

4.3 本章小结

本章实验均是系统溶解氧不受控制,在传统的 CRI 系统的前提下启动的实验,各装置实验初始状态均为全程硝化状态。从实验结果明显可以得出,氯酸钠浓度对系统中的硝化反应存在影响,并且浓度越大,对系统中的 AOB 和 NOB 的抑制就越明显。系统在 pH 值为 8.0~8.5,四季室温下,不控氧浓度状态下亚硝氮积累率能达到 50%,所以可以在此基础上对系统作进一步溶解氧调控的实验。通过溶解氧和氯酸钠抑制剂以及后续实验的共同调控,继续在 CRI 系统中探索研究亚硝氮的积累,系统有望在氨氮转化率高的前提下实现短程硝化。

第 5 章　溶解氧和氯酸钠对系统中亚硝氮积累及其氮素转化的研究

第 3 章研究了溶解氧对系统中亚硝氮积累的影响，第 4 章研究了氯酸钠对非控氧（传统 CRI）系统中出水亚硝氮积累的影响，本章于是从氮素转化、亚硝氮积累率以及氨氮转化率的角度选择了本章实验所需的氯酸钠最佳投加浓度。情况相同的是第 3 章和第 4 章各实验中均出现了亚硝氮积累的现象，且亚硝氮积累率均达到 50% 左右，只是最终实验中亚硝氮未能达到稳定积累。本章结合前两章实验内容，以溶解氧和氯酸钠为主要影响因子、其他参数为辅助变化因子来探究系统出水亚硝氮的积累情况。

5.1　实验材料与方法

5.1.1　实验装置

本实验通过对 CRI 系统进行密封，并在系统上部连接一个 U 形水槽，通过 U 形水槽限制进出水过程中的空气交换量，以达到间接控制系统中氧浓度的目的。U 形水槽另一端通过细管道与一不满水箱相连。具体装置如图 5-1 所示。U 形水槽⑧说明：由于整个短程硝化段相对封闭，进水时内部压力增大，迫使 U 形水槽与短程硝化段连通（图中左侧），水进入与大气连通（图中右侧），直至水被完全排至一侧时，部分空气溢出；出水时，短程硝化段由于水量排出，内部形成负压，U 形水槽右侧水进入左侧，直至水全部进入左侧时，部分空气进入左侧。通过控制 U 形水槽内水量可以控制空气交换量，水量越多，空气进入量越少。

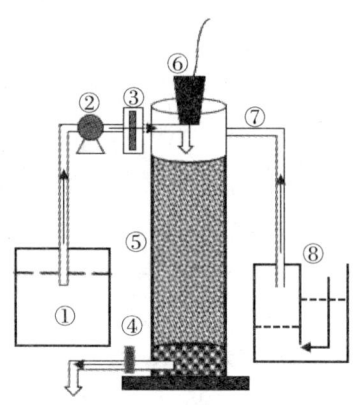

图 5-1 控氧 CRI 系统装置图

系统由有机玻璃管制成，不控氧装置由高 50 cm、内径 8 cm 的有机玻璃管制成，滤料由 90％河沙＋5％沸石砂＋5％大理石砂均匀混合而成，滤料高度为 40 cm，底部有 3 cm 厚的承托层，由选取的粒径约 1 cm 的鹅卵石组成。系统进水孔设置于离管道顶端 3 cm 处，出水孔设置在承托层中部。提前配制好的污水①由泵②通过单向阀③抽进系统⑤，每次向系统进水 300 mL，每天进水 4 次，每次进水时保证出水口处阀门④处于关闭状态 0.5 h，让系统中空气通过气管⑦从 U 形水槽⑧排出。随之打开阀门④，进入系统的水自然从出水口流出，之后再取水监测。系统中的氧浓度通过 CSY-CY30 氧浓度监测仪⑥进行监测。该仪器自带报警功能,当浓度不是设定值时,报警器报警提示,微电脑时控开关将控制 U 形水槽自动调节水量使系统内氧量恒定。进水泵②以及止水阀④均由时控开关控制。通过增减 U 形水槽水量,可相应改变进入系统中的空气量,U 形水槽也以液封的形式将大气和系统隔绝。

5.1.2 实验方法

为了减少系统内各个因子对实验效果的影响,保持硝化阶段足够的碱度,实验尽可能地减少变量因子,在四季常温下,系统稳定挂膜后,将系统内进水 pH 值调节为 8.0~8.5,进水氨氮浓度调节为 45~50 mg/L,实验时间控制在 30 d 内。每隔一天于固定时间取系统内出水水样进行监测分析,以研究既定氯酸钠浓度下不同溶解氧浓度对系统硝化阶段的影响。

装置构建、实验用水以及项目监测方法同第 2 章,探究氯酸钠在控氧装置内对亚硝氮积累的影响。实验前期,照常以开放式系统给装置进水,系统出水氨氮浓度逐渐降低,10 d 左右出水氨氮去除率达 95%,出水以硝氮为主,仅有微量的亚硝氮,忽略不计,此时系统中 NOB 是优势菌群,硝化过程为全程硝化。图 5-2 表示的是在稳定状态,系统内全程硝化条件下,出水中各氮素变化情况。出水氮素中以硝氮为主,系统对氨氮去除率高,亚硝氮浓度可视为无积累状态。在此基础上对系统进行溶解氧和氯酸钠的调控,以探究系统出水中亚硝氮积累的情况。

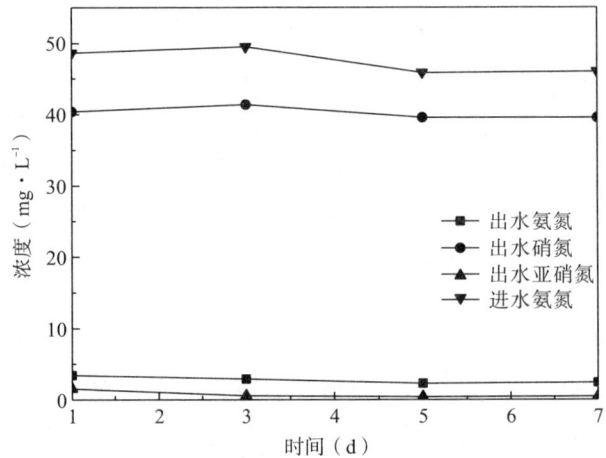

图 5-2 全程硝化状态下系统出水中氮素变化情况

5.2 结果与分析

同第 4 章一样，本实验还是在全程硝化的基础上启动，待系统稳定后开始调控溶解氧，并在进水中投加氯酸钠。因为是在全程硝化的基础上启动实验，此时系统中 NOB 为优势菌群，要想得到亚硝氮的大量积累就需要想办法降低系统中 NOB 占比，提升 AOB 占比。实验中将进水氨氮浓度设置为 45~50 mg/L，COD 浓度为 150~200 mg/L，通过投加 NaOH 溶液保持系统进水 pH 值为 8.0~8.5。

5.2.1 氯酸钠条件下 50%DO 量时系统内亚硝氮积累

在不对系统 pH 值（8.0~8.5）、温度（四季室温）以及进水浓度做调整的前提下，控制系统内空气交换量为 50%，对应的溶解氧读数为 16.8%，并向系统进水中添加 1.0 mmol/L 的氯酸钠，隔天监测系统出水氮素变化情况。如图 5-3 所示，

第5章 溶解氧和氯酸钠对系统中亚硝氮积累及其氮素转化的研究

在向系统投加氯酸钠后第 1 d,系统内出水亚硝氮开始积累,硝氮浓度有所下降。

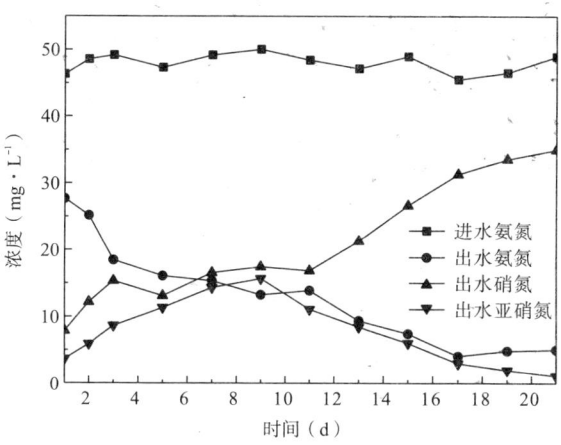

(a) 50%DO量下加入氯酸钠氮素转化情况

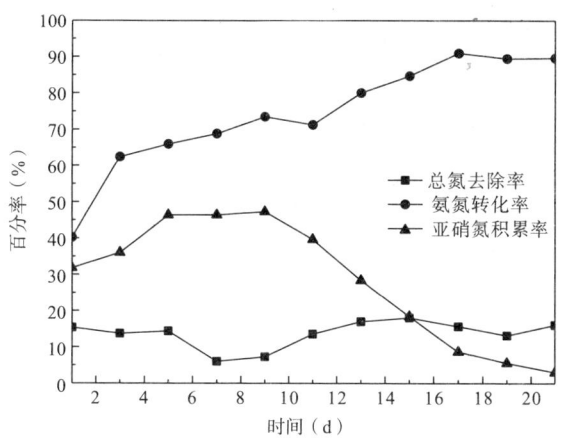

(b) 50%DO量下加入氯酸钠系统出水氨氮转化率及亚硝氮积累率

图 5-3 50%DO量下加入氯酸钠

在50%空气交换量的条件下,系统出水中氮素各变化趋势图,相仿于3.2节中不控氧条件下 0.5 mmol/L、1.0 mmol/L、

1.5 mmol/L 氯酸钠系统出水趋势图，氨氮转化率逐渐提升，只是相对缓慢，亚硝氮积累率最高接近 50%，但是未能持久稳定，至少表明在该溶解氧条件下，系统对于亚硝氮的积累和氮素转化与不控氧条件下各氮素转化的趋势差异不大，但是相比不控氧条件总氮去除率稍微提升。而系统内溶解氧在满足系统异养菌需求的前提下，还能为 AOB 和 NOB 供能加以氨的氧化。在该溶解氧情况下，系统不能达到短程硝化，于是实验进一步下调系统内溶解氧，将系统内空气交换量控制在 40%。

5.2.2 氯酸钠条件下 40%DO 量时系统内亚硝氮积累

下调空气交换量为 40%，对应的溶解氧读数为 13.2%，系统出水氮素趋势图相较于 50% 空气交换量条件下有明显的变化。由图 5-4 可以看出，随着时间的推移，系统出水亚硝氮和出水硝氮并没有出现明显的分化，总体来说，下调系统中溶解氧已经开始出现明显的效果。系统内具体出水情况如图 5-4 所示。

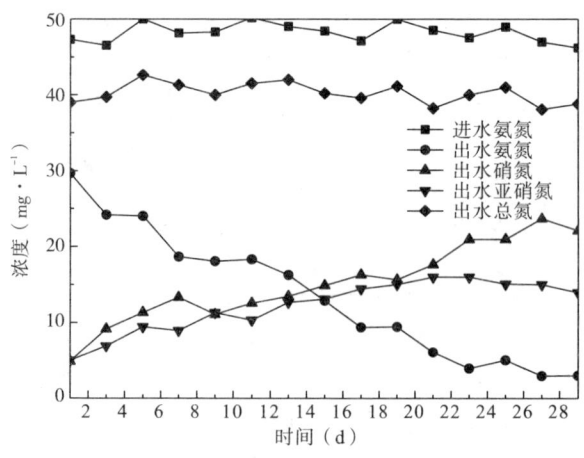

(a) 40%DO 量下加入氯酸钠氮素转化情况

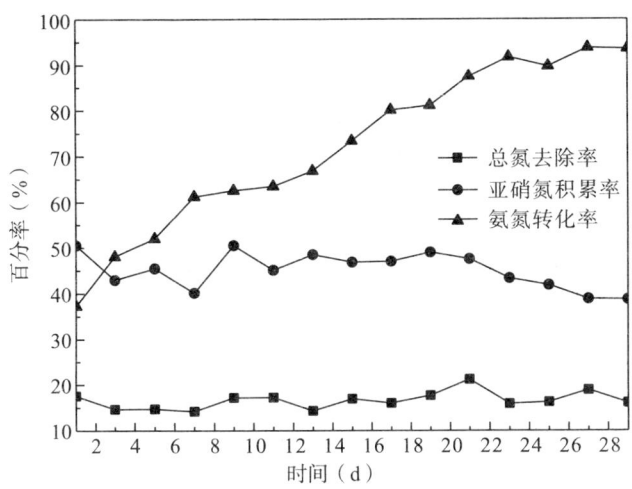

(b) 40%DO 量下加入氯酸钠系统出水氨氮转化率及亚硝氮积累率

图 5-4　40%DO 量下加入氯酸钠

下调空气交换量后，依然在氯酸钠的作用下，系统出水亚硝氮明显积累，最高浓度达到 15.67 mg/L，系统内出水亚硝氮随时间变化相对平缓，而出水硝氮随时间缓慢上升，但是并未出现明显分化。不过可以看出，氨氮转化率在缓慢上升，出水氨氮一直呈下降趋势，说明 AOB 已经逐渐适应系统内的环境。继续观察，下降的氨氮并未明显从出水硝氮上体现，反而出水亚硝氮趋于平缓，至少说明，下降的氨氮有一部分转化为亚硝氮，而不是完全补给硝氮。观察亚硝氮积累率变化，在实验前 20 d 左右一直在 50% 左右，排除后期进水浓度的差异，在后期略微呈现出下降趋势。在该氧浓度条件下系统内 NOB 也在逐渐适应环境，只是相对 AOB，NOB 适应环境的速度相对缓慢。总氮去除率相对 50% 空气交换量系统又有新的提升，大多在 15% 左右，毕竟系统内部不是均匀的溶解氧分布状态，在降低系统内溶解氧后，越深层溶解氧越低，完全可以发生反硝化反应，这也是不断转化的氨氮有一部分未从硝氮和亚硝氮上面体现出来的原因，当然也不排除有微弱厌氧氨氧化反应的可能。此系统在为异养菌供氧的前提下能为 AOB 提供氧量，但依旧存在 NOB 争夺系统内有限的溶解氧的情况。由此看来，系统还有进一步下调溶解氧浓度的空间。

5.2.3 氯酸钠条件下 35%DO 量时系统内亚硝氮积累

将空气交换量调节至 35%左右，对应的溶解氧读数为 10.8%，显然，在低氧和氯酸钠共同作用下，系统内亚硝氮积累明显，氨氮缓慢转化，硝氮缓慢升高但后期趋于平缓，亚硝氮积累率明显升高，氨氮转化率缓慢升高但相较之前高溶氧状态略有差别，系统内总氮去除率也较之前有所升高。系统内具体出水情况如图 5-5 所示。

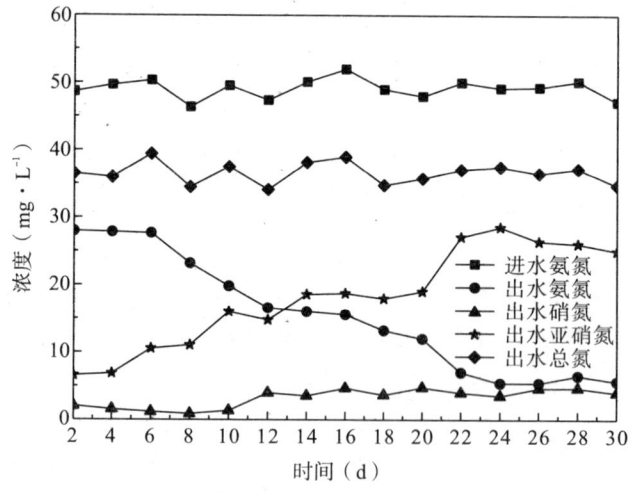

(a) 35%DO 量下加入氯酸钠氮素转化情况

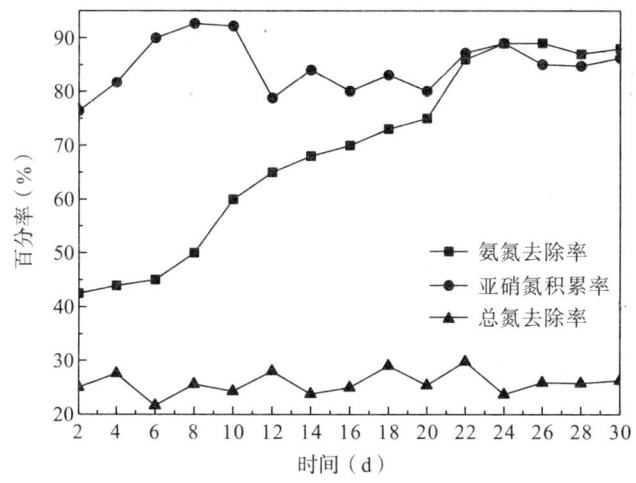

(b) 35%DO量下加入氯酸钠系统出水氨氮转化率及亚硝氮积累率

图 5-5　35%DO量下加入氯酸钠

下调溶解氧浓度后,对系统内亚硝氮积累情况影响很明显,一直随时间不断攀升,在第 22 d 左右逐步趋于稳定,出水亚硝氮最高浓度为 28.56 mg/L,积累率高达 92%,而出水氨氮浓度也由最初的高浓度缓慢下降,最后稳定在 5 mg/L 左右,硝氮浓度一直维持在 1~5 mg/L,只是在前期系统硝氮处于低浓度状态 1~3 mg/L,后期处于 3~5 mg/L。系统内总氮去除率进一步提升,约为 30%。观察系统出水氨氮浓度,依然是随时间逐步降低,而亚硝氮浓度随时间逐步升高,最后氨氮浓度和亚硝氮浓度逐渐趋于平衡,硝氮浓度变化不明显,由此可以判断系统内 AOB 逐渐适应环境,而参与硝化环节转化的氨氮几乎都补给了亚硝氮,硝氮占比较小。系统出水亚硝氮积累率一直攀升,远远超过 50%。在后期系统达到平衡状态时,排除系统内反硝化反应约 30% 的氮素,以及 10% 左右未参与转化的氨氮,剩余约 60% 的氨氮在参与转化的过程中绝大部分参与到亚硝氮的补给，这是亚硝氮积累率高的一个重要原因。

装置出水情况良好，后期为观察装置出水，以每 3 d 一次的频率继续对装置进行取样监测，经过 30 d 的监测，发现系统出水持续稳定，在进水浓度以及实验环境变化不大的情况下，出水亚硝氮浓度持续稳定，氨氮转化率、亚硝氮积累率均在此时间段内保持在 85％左右。

5.2.4　氯酸钠条件下 25％DO 量时系统内亚硝氮积累

进一步将系统内空气交换量降低至 25％，对应的溶解氧读数为 7.9％，观察系统反应状态。具体出水情况如图 5-6 所示。降低空气交换量后，出水总氮一直与进水氨氮处于平衡状态，约有 10 mg/L 的氨氮参与反硝化反应，在如此低氧浓度条件下也不排除有部分氨氮参与厌氧氨氧化反应的可能。起初氨氮还有少量转化，到后面与出水总氮持平，整个过程中硝氮几乎没有明显的浓度。实验前 2 d 系统还有微量亚硝氮积累，不过也很快消失，因系统溶解氧太低，已无法满足在为异养菌供氧的前提下，有更多的溶解氧为系统氨化反应供氧，因此没有氨氮参与硝化反应补给亚硝氮浓度。实验到第 8 d 左右，系统基本处于堵塞状态，继续实验没有意义。

第5章 溶解氧和氯酸钠对系统中亚硝氮积累及其氮素转化的研究

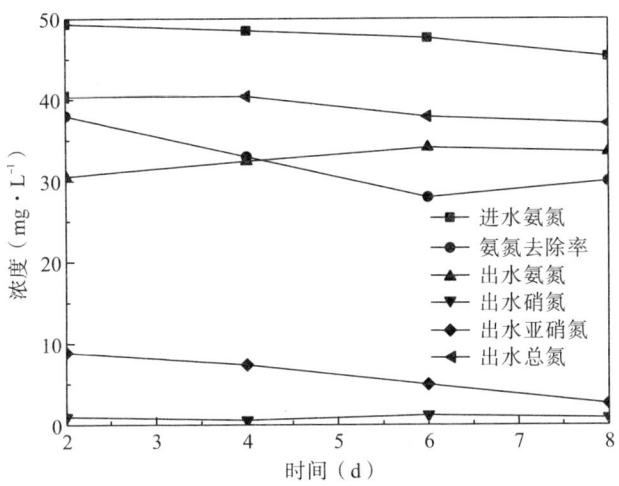

图 5-6 25%DO 量下加入氯酸钠各氮素变化情况

整个实验过程，由 50%、40%、35% 以及 25% 溶解氧，系统内出水各氮素出现递进性变化。投加氯酸钠后系统硝化效果迅速变差，氨氮去除率均由之前的 98% 降低到 40% 左右，显然氯酸钠对系统内 AOB 和 NOB 起到了明显的抑制作用，AOB 和 NOB 活性变弱，影响硝化反应进程，而降低了系统内溶解氧浓度，并进一步抑制了菌群的活性。但是随着时间的推移，系统对氨氮的去除率均不断增加，而 40%~50% 溶解氧条件下，亚硝氮存在随着时间的推移有被氧化的趋势，这至少说明在此条件下，AOB 能够逐渐适应环境并成为系统内优势菌群，而 NOB 可能在很缓慢地适应环境，只是自身适应性相比 AOB 要差得多。在 35% 溶解氧条件下，AOB 依然能适应新环境而逐渐成为优势菌群，NOB 因为过低的溶解氧条件而难以对环境产生新的适应性。总之上述实验说明，通过投加氯酸钠和控制溶解氧可以实现短程硝化过程，抑制剂和溶解氧的协同作用对 AOB、NOB 有一定的抑制作用，但随着时间的推移,AOB 能够对环境逐渐产生适应性,而 NOB 的活性依然受到抑制。

5.3 本章小结

虽然对 CRI 系统内短程硝化实验处于一个探索阶段,但为以后 CRI 系统内短程硝化的发展提供了一定的理论和经验。实验在氨氮转化率和亚硝氮积累率两个方面都有较好的效益才能评判实验效果。本章实验,系统内参与到短程硝化的氨氮最高占比达 60% 左右,亚硝氮积累率达 92%,稳定状态下氨氮转化率为 88%,亚硝氮积累率为 85%,远大于 50%,实现了短程硝化。若能进一步提升系统内参与短程硝化的氨氮占比,那实验距离实践就能更进一步。以后的研究中,可以从溶解氧、抑制剂、滤层厚度、滤料介质等几个方面将系统内硝化和反硝化条件控制在较好的临界状态,让系统内更多的氨氮参与到硝化反应中,以此来筛选培养实验所需的 AOB。综合实验分析,本章实验在向系统投加氯酸钠的前提下得出以下结论:

(1) 反应器中保持较高的溶解氧浓度有利于氨氮迅速转化,亚硝氮和硝氮生成量大,但亚硝氮积累率较低;而低浓度溶解氧抑制了亚硝氮氧化阶段,有助于亚硝氮积累率的提升,但溶解氧过低,则会导致氨氮转化率下降,且系统反硝化作用明显。

(2) 反应器内溶解氧浓度会对系统内微生物群落结构和活性产生显著影响。溶解氧浓度降低,NOB 数量逐渐减少,而 AOB 成为优势菌群;同时,生物膜总生物活性、AOB 和 NOB 活性均下降,但 AOB 活性可通过长期驯化远大于 NOB 活性。

(3) 初期溶解氧主要是用于异氧菌降解污水中有机物,只有在满足异氧菌对 DO 需求情况下,溶解氧才为 AOB 和 NOB 用以氨的氧化;而 AOB 可以随着时间的推移快速适应环境达到驯化,争夺系统内有限的氧量,而 NOB 则会因在限氧条件下不足以竞争而从系统中淘汰。

(4) 氨氮→亚硝氮→硝氮是一个连续的过程,亚硝酸菌的产物能很快被硝酸菌利用,转变成硝酸盐,然而两种菌在活性上差异十分明显。相对于氨氧化,在亚硝氮氧化过程中所获得的能量要低很多,而且硝酸菌对氧气浓度更为敏感,在溶解氧低于 10.8% 时已不易进行,这导致硝酸菌的繁殖速度要落后很多,而亚硝氮一般在实验前两天就会出现,但是硝氮的浓度则需要到第 10 d 左右才会明显攀升。

第6章 结论及建议

6.1 结论

本实验通过对 CRI 系统中溶解氧、氯酸钠两个因子为主要调控参数，通过探究不同 DO 浓度，以及不同氯酸钠浓度下系统中对亚硝氮积累率的影响，系统地研究 CRI 系统中短程硝化的实现、维持以及实时控氧条件下短程硝化的稳定性。为了尽可能地减少实验变量参数，实验过程中将 pH 值设置在 8.0~8.5，温度界定在四季常温下，尽可能地创造实验的可行性以及接近现实。整个实验过程中有如下发现：

（1）在探究以溶解氧为主要调控参数实现系统中亚硝氮积累的实验中得出：在常温，pH 值为 8.0 左右，系统由初期进水氨氮浓度为 110~120 mg/L，COD 浓度为 310~560 mg/L 时，调整系统进气量，亚硝氮没有明显积累；后续实验废水浓度降低 2/3，氨氮浓度为 36~42 mg/L，COD 浓度为 100~165 mg/L 时，调整系统进气量，出水亚硝氮明显积累，最高达 83 mg/L 左右，亚硝氮积累率接近 50%。同时表明用含高浓度氨氮废水启动系统，后期降低系统进水氨氮浓度，通过控氧及后续调整，有望在 CRI 系统内实现短程硝化。

（2）在探究以氯酸钠为主要调控参数实现系统中亚硝氮积

累的实验中得出：一定氯酸钠浓度范围内（$n<1.5$ mmol/L），有利于系统中亚硝化反应，浓度越大效果越好，但当氯酸钠浓度超过一定限度（$n>1.5$ mmol/L）时就会抑制系统中硝化反应，并且浓度越大，对系统中 AOB 和 NOB 的抑制越明显，从而影响氨氮的转化。考虑到抑制剂的投加量和能耗问题，可将 1.0 mmol/L 作为 $NaClO_3$ 最佳投加量。同时得出，系统在 $n=1.0$ mmol/L，pH 值为 8.0~8.5，四季常温，不控氧浓度状态下，亚硝氮积累率能达到 50%，并且短时间稳定。

（3）在探究以溶解氧和氯酸钠为主要调控参数实现系统中亚硝氮积累的实验中得出：在四季常温，pH 值为 8.0~8.5，系统内氧分压为 10.8%，氯酸钠浓度为 1.0 mmol/L 时，CRI 系统达到短程硝化且稳定时间超过 30 d，氨氮转化率和亚硝氮积累率均在 80% 以上，其中最高亚硝氮积累率为 92%，同时 $NaClO_3$ 在硝化系统中对硝化细菌有抑制作用，能够抑制 AOB 和 NOB 的活性。当在硝化系统中投加一定浓度的 $NaClO_3$ 时，$NaClO_3$ 能对 AOB、NOB 起到抑制作用，但是 AOB 会随着时间的推移逐渐适应这种抑制作用，而 NOB 对其适应能力极慢，或者说当条件一定时 NOB 几乎没有这种适应能力，从而造成系统内 AOB 和 NOB 生长得极其不平衡性，AOB 得到富集而成为优势菌群，在硝化系统中实现亚硝氮的积累，使全程硝化转变为短程硝化。同时在向系统投加 1.0 mmol/L 氯酸钠的前提下还得出以下结论：

①反应器中保持较高的溶解氧浓度有利于氨氮迅速转化，亚硝氮和硝氮生成量大，但亚硝氮积累率较低；而低浓度溶解氧抑制了亚硝氮氧化阶段，有助于亚硝氮积累率的提升，但溶解氧过低，则会导致氨氮转化率下降，且系统反硝化作用明显。

②反应器内溶解氧浓度对系统内微生物群落结构和活性产生显著影响。溶解氧浓度降低，NOB 数量逐渐减少，而 AOB 成为优势菌群；同时，生物膜总生物活性、AOB 和 NOB 活性均下降，但 AOB 活性可通过长期驯化远大于 NOB 活性。

③初期溶解氧主要是用于异氧菌降解污水中有机物，只有在满足异氧菌对 DO 需求情况下，溶解氧才为 AOB 和 NOB 用以氨的氧化；而 AOB 可以随着时间的推移快速适应环境达到驯化，争夺系统内有限的氧量，而 NOB 则会因在限氧条件下不足以竞争而从系统中淘汰。

④氨氮→亚硝氮→硝氮是一个连续的过程，亚硝氮的产物能很快被硝酸菌利用，转变成硝酸盐，然而两种菌在活性上差异十分明显。相对于氨氧化，在亚硝氮氧化过程中所获得的能量要低很多，而且硝酸菌对氧气浓度更为敏感，在溶解氧低于 35％时已不易进行，这导致硝酸菌的繁殖速度要落后很多，而亚硝氮一般在实验前两天就会出现，但是 NO_3^--N 的浓度则需要到第 10 d 左右才会明显攀升。

6.2 建议

实验通过调控 CRI 系统中溶解氧和氯酸钠浓度在系统中的一个平衡性，得到了一个相对有效的结果，为 CRI 系统的短程硝化的快速启动提供了理论参考和依据。但是本实验仅限于初期研究阶段，需要改进的地方还有很多，因此在本书的基础上对后期的研究提出如下建议：

（1）本实验只针对短程硝化反硝化过程中硝化过程进行了研究，在今后的研究中可以对短程硝化反硝化过程进行完整的研究，同时 NaClO$_3$ 对反硝化系统中反硝化细菌影响也需要做进一步的分析。

（2）本研究过程全部在 CRI 反应器内完成，而 CRI 反应器因其独特的构造导致系统内参数可能会存在不均匀的现象，如系统内溶解氧，因系统介质层材料差异、装置规格、介质层厚度的差异溶解氧在系统中的分布状况肯定会有所不同，这在目前的研究中，系统内介质层和溶解氧的关系还是处于未知状态，希望在后期的研究中可以进一步确定介质层参数和系统内溶解氧之间的变量关系。

参考文献

陈建伟,2011. 高效短程硝化和厌氧氨氧化工艺研究 [D]. 杭州：浙江大学.

陈俊敏,付永胜,2009. 人工快速渗滤系统处理农村生活污水应用研究 [C] //四川省环境科学学会,四川省造纸学会,四川省城镇供水排水协会排水专委会. 四川省水污染控制工程学术交流会论文集. 成都：四川省环境科学学会,四川省造纸学会,四川省城镇供水排水协会排水专委会：6.

丁文川,吴丹,曾晓岚,等. 2012. 不同曝气量对 SBBR 短程硝化微生物特性及氮转化的影响 [J]. 环境科学,32 (9)：2112-2118.

樊金红,王红武,马鲁铭,2012. 复合二氧化氯的制备及其用于城市污水回用消毒 [J]. 化工学报,2：578-583.

范兴建,2009. 人工快速渗滤系统微生物特征及氮素去除机理研究 [D]. 成都：西南交通大学.

郭劲松,王春燕,方芳,等,2006. 人工快渗系统在三峡库区处理生活污水的适应性研究 [J]. 环境科学,27 (11)：2327-2332.

韩晓宇,张树军,甘一萍,等,2009. 以 FA 与 FNA 为控制因子的短程硝化启动与维持 [J]. 环境科学,30 (3)：809-814.

康爱彬,杨雅雯,王守伟,等,2009. 三级串联人工快渗系统

处理养殖废水 [J]. 环境工程学报, 3: 475-478.

康爱彬, 宗慧敏, 霍鹏, 等, 2014. 分段进水三级串联人工快速渗滤系统处理高氨态氮生活污水 [J]. 江苏农业科学, 42 (1): 323-325.

康爱彬, 2010. 三级串联人工快渗系统处理高氨氮生活污水 [D]. 北京: 中国地质大学.

赖梅东, 刘欢, 张海凤, 等, 2011. 人工快渗技术在受污染河道水环境生态修复中的应用 [C]. 深圳: 第三届全国河道治理与生态修复技术交流研讨会.

刘方, 2008. 人工快速渗滤系统氮素转化规律及脱氮工艺研究 [D]. 成都: 西南交通大学.

刘光英, 张焕祯, 张鑫, 等, 2013. 分段进水三级串联人工快速渗滤系统处理高氨态氮生活污水 [J]. 工业水处理, 33 (3): 1-4.

刘家宝, 杨小毛, 王波, 等, 2006. 改进型人工快渗系统处理污染河水中试 [J]. 中国给水排水, 22 (13): 14-17.

刘家宝, 2006. 人工快渗系统污染物去除机理及处理效果研究 [D]. 北京: 中国地质大学.

刘小娜, 2010. 人工快速渗滤处理水中氨氮的实验研究 [J]. 广州化工, 2: 13-46.

马勇, 王淑莹, 曾薇, 2006. A/O 生物脱氮工艺处理生活污水中试 (一) 短程硝化反硝化的研究 [J]. 环境科学, 5: 703-709.

尚会来, 彭永臻, 张静蓉, 等, 2009. 温度对短程硝化反硝化的影响 [J]. 环境科学, 29 (3): 516-520.

邵留, 徐祖信, 金伟, 等, 2009. 以稻草为碳源和生物膜载体去除水中的硝酸盐 [J]. 环境科学, 30 (5): 1414-1419.

石国玉，2011. 人工快渗系统处理工业园区污水厂尾水研究 [D]. 合肥：合肥工业大学.

王宝贞，王琳，2003，水污染治理新技术 [M]. 北京：科学出版社.

王枫，骆灵喜，刘欢，等，2013. 人工快速渗滤系统中人工快渗池对污染物的去除效果研究 [J]. 环境污染与防治，35 (5)：58－63.

王慧，姚杰，2013. 人工快渗污水处理技术应用及减排效果现状的研究 [J]. 广东化工，15：119－120.

王淑莹，曾薇，董文艺，等，2002. SBR法短程硝化及过程控制研究 [J]. 中国给水排水，10：1－5.

王志盈，刘超翔，彭党聪，等，2000. 高浓度下生物流化床内亚硝化过程的选择特性研究 [J]. 西安建筑科技大学学报，32 (1)：1－7.

吴济华，文筑秀，2012. 关于人工快速渗滤污水处理技术适用性的评述 [J]. 西南给排水，5：1－4.

谢宇轩，陈鸿汉，康爱彬，2010. 三级人工快渗系统处理高氨氮生活污水研究 [J]. 安徽农业科学，38 (17)：9165－9167.

谢宇轩，康爱彬，李明，等，2010. 三级人工快渗系统脱氮效果及菌种分布分析 [J]. 环境工程学报，4 (6)：1272－1275.

袁东海，景丽洁，高士祥，等，2005. 几种人工湿地基质净化磷素污染性能的分析 [J]. 环境科学，26 (1)：51－55.

张泉，2007. 两段式人工快渗系统处理养殖废水的小型试验研究 [D]. 北京：中国地质大学.

张小玲，王志盈，彭党聪，等，2003. 低溶解氧下活性污泥法的短程硝化研究 [J]. 中国给水排水，19 (7)：1－4.

赵福祥，2010. 生态人工快速渗滤系统（ECRI）处理高浓度生

活污水工艺研究 [D]. 北京：中国地质大学.

郑平，徐向阳，胡宝兰，2004. 新型生物脱氮理论与技术 [M]. 北京：科学出版社.

钟佐燊，杨小毛. 人工快速渗滤污水处理系统 [P]. 2005-10-05.

祝贵兵，彭永臻，郭建华，2008. 短程硝化反硝化生物脱氮技术 [J]. 哈尔滨工业大学学报，10：1552-1557.

Balmelle B, Nguyen K M, Capdeville B, et al, 1992. Study of factors controlling nitrite build-up in biological processes for water nitrification [J]. Wat. Sci. Tech., 26 (5-6): 1243-1258.

Benmoussa H, Martin G, Richard Y, et al, 1986. Inhibition of nitrification by heavy metal cations [J]. Wat. Res., 20: 1333-1339.

Chen J, Zheng P, Yu Y, et al, 2010. Enrichment of high activity nitrifers to enhance partial nitrification process [J]. Bioresource Technology, 101 (19): 7293-7298.

Chen Y, Dong H M, Shang B, et al, 2011. Artificial rapid infiltration processing sewage water from smalltowns [J]. Ecology and Environmental Sciences, 20 (2): 327-331.

Chung J, Bae W, Lee Y W, et al, 2007. Shortcut biological nitrogen removal in hybrid biofilm suspended growthreactors [J]. Process Biochem, 42 (3): 320-328.

Damaraju S, Singh U K, Sreekanth D, et al, 2015. Denitrification in biofilm configured horizontal flow woodchipbioreactor: Effect of hydraulic retention time and biomass growth [J]. Ecohydrology & Hydrobiology, 15

(1): 39-48.

Daverey A, Su S H, Huang Y T, et al, 2013. Partial nitrification and anammox process: A method for high strengthoptoelectronic industrial wastewater treatment [J]. Water Research, 47 (9): 2929-2937.

Garrido M, van Benthem W, Drechtvan M C M, et al, 1997. Influence of dissolve doxygen concentration on nitrite accumulation in a biofilm airlift suspension reactor [J]. Biotechnol Bioeng, 53: 168-178.

Gernaey K, Verschuere L, Luyten L, 1997. Fast and sensitive acute toxicity detection with an enrichment nitrifying culture [J]. Water Environment Research, 69 (6): 1163-1169.

Grunditz C, Gumaelius L, Dalhammar G, 1998. Comparison of inhibition assays using nitrogen removing bacteria: application to industrial wastewater [J]. Water Research, 32 (10): 2995-3000.

Guo J, Peng Y, Huang H, et al, 2010. Short-and long-term effects of temperature on partial nitrification in a sequencing batch reactor treating domestic wastewater [J]. Journal of Hazardous Materials, 179 (1-3): 471-479.

Hellinga C, Schellen A A J C, Mulder J W, et al, 1998. The Sharon process: An innovative method for nitrogen removal from ammonium rich waster water [J]. Water Science and Technology, 37 (9): 135-142.

Hou J, Xia L, Ma T, et al, 2017. Achieving short-cut nitrification and denitrification in modified intermittently aerated constructed wetland [J]. Bioresour Technol, 10-17.

Hu Z, Lotti T K, et al, 2013. Nitrogen removal by a nitritation-anammox bioreactor at low temperature [J]. Apply Environmental Microbiology, 79 (8): 2807-2812.

Hulle V, Eveline V, 2007. Influence of temperature and pH on the kinetics of the Sharon nitritation process [J]. Journal of Chemical Technology and Biotechnology, 82 (5): 471-480.

Jiang X, Ma M, Lu A H, 2011. Analysis of microbial molecular ecology techniques in constructed rapid infiltration system [J]. Journal of Earth Science, 22 (5): 669-676.

Jin R C, Zhang Q Q, Liu J H, et al, 2013. Performance and stability of the partial nitrification process for nitrogenremoval from monosodium glutamate wastewater [J]. Separation and Purification Technology, 103: 195-202.

Karanasios K A, Vasiliadou I A, Tekerlekopoulou A G, et al, 2016. Effect of C/N ratio and support material on heterotrophic denitrification of potable water in bio-filters using sugar as carbon source [J]. International Biodeterioration & Biodegradation, 111: 62-73.

Kempen R V, Mulder J W, Uijterlinde C A, 2001. Overview: Full scale experience of the Sharon process for treatment of rejection water of digested sludge dewatering [J]. Water Scienec and Teehnology, 44 (1): 145-152.

Laanbroek H J, Bodelier P L E, Gerards S, 1994. Oxygen consumption kinrticsof Nitrosomonas europaea and Nitrobacter hamburgensis grown in mixed continuous cultures at different oxygen concentrations [J]. Arch.

Microbiol, 161: 156−162.

Li A J, Li X Y, Yu H Q, 2013. Aerobic sludge granulation facilitated by activated carbon for partial nitrification treatment of ammonia − rich wastewater [J]. Chemical Engineering Journal, 218: 253−259.

Lutterbeck C A, Kist L T, Lopez D R, et al, 2017. Life cycle assessment of integrated wastewater treatment systems with constructed wetlands in rural areas [J]. Journal of Cleaner Production, 148: 527−536.

Mark R M, 2004. Abiotic nitrogen removal mechanisms in rapid infiltration wastewater treatment [D]. California: University of California.

Pollice A, Tandoi V, Lestingi C, 2002. Influence of aeration and Sludge retentiontime on ammoniu moxidation to nitrite and nitrate [J]. Water Research, 36: 2541−2546.

Rongsayamanont C W, Limpiyakorn T W, Khan E, 2014. Effects of inoculum type and bulk dissolved oxygen concentration on achieving partial nitrification by entrapped-cell-based reactors [J]. Bioresource Technology, 164: 254−263.

Ruizg, Jeisond, Charmyr, 2003. Nitrification with high nitrite accumulation for the treatment of waste water with high ammonia concentration [J]. WatRes, 37 (6): 1371−1377.

Scaglione D, 2013. Nitrification denitrification via nitrite in a pilot−scale SBR treating the liquid fraction ofco−digested piggery/poultry manure and agro − wastes [J]. Chemical Engineering Journal, 228 (15): 935−943.

Vadivelu V M, Keller J, Yuan Zhiguo, 2007. Effect of free

ammonia on therespiration and growth processes of an enriched Nitrobacter culture [J]. Water Research, 41 (4): 826-834.

Vadivelu V M, Yuan Zhiguo, Fux C, et al, 2006. The inhibitory effects of free nitric acid on the energy generation and growth process of an enriched Nitrobactor culture [J]. Environmental Science Technology, 40 (14): 4442-4448.

Wyffels S, Hulle S W H, 2004. Modeling and simulation of oxygen — limited partial nitritation in a membrane — assistedbioreactor (MBR) [J]. Biotechnology and Bioengineering, 86 (5): 531-542.

Xu G, Xu X, Yang F, 2011. Selective inhibition of nitrite oxidation in aerobic granules [J]. Journal of Hazardous Materials, 185 (1): 249-254.

Xu W, Zhang J, Liu Y, 2011. Organic matter degradation kinetics and filter layer height calculation model in constructed rapid infiltration system [J]. Fresenius environmental bulletin, 20 (6A): 1487-1493.

Xu W L, Xu S L, Zhang J Q, 2013. Removal performance and mechanism of TP in improved constructed rapid infiltration system [J]. Fresenius Environmental Bulletin, 22 (7): 1826-1830.

Xu W L, Liu G, Cui G Y, et al, 2013. Relationship between microbiologic properties and short-cut nitrification and denitrification in constructed rapid infiltration system [J]. Journal of Pure and Applied Microbiology, 7 (2): 1227-1232.